# 5
# 思考致富
## 成功路上的15个指示牌

[美] 拿破仑·希尔◎著
王亚军◎译

重庆出版集团 重庆出版社

Copyright © [2025] by The Napoleon Hill Foundation
All rights reserved.
The simplified Chinese translation rights arranged through Rightol Media（本书中文简体版版权经由锐拓传媒取得，Email:copyright@rightol.com）
版贸核渝字（2025）第067号

**图书在版编目（CIP）数据**

思考致富. 5，成功路上的15个指示牌 ／（美）拿破仑·希尔著；王亚军译. -- 重庆：重庆出版社，2025.8. -- ISBN 978-7-229-19544-1

Ⅰ．B848.4-49

中国国家版本馆CIP数据核字第20253CV303号

## 思考致富5：成功路上的15个指示牌

SIKAO ZHIFU 5: CHENGGONGLUSHANG DE SHIWUGE ZHISHIPAI

[美]拿破仑·希尔　著　王亚军　译

| | |
|---|---|
| 出　品： | 华章同人 |
| 出版监制： | 徐宪江　连　果 |
| 责任编辑： | 史青苗 |
| 特约编辑： | 孙　浩 |
| 营销编辑： | 刘晓艳 |
| 责任印制： | 梁善池 |
| 责任校对： | 彭圆琦 |
| 装帧设计： | 末末美书 |

重庆出版集团
重庆出版社　出版

（重庆市南岸区南滨路162号1幢）

北京毅峰迅捷印刷有限公司　印刷
重庆出版社有限责任公司　发行
邮购电话：010-85869375
全国新华书店经销

开本：800mm×1150mm　1/32　印张：5.375　字数：129千
2025年8月第1版　2025年8月第1次印刷
定价：48.00元

如有印装质量问题，请致电023-61520678

**版权所有，侵权必究**

# 前言

你想在人生中成功!

你想要一个家,你想在银行里有一点储蓄金。也许你想要一辆属于你自己的小汽车,以及其他一些在下班后可以享受的便利设施。

如果你沿着成功之路走下去,你就会拥有这一切,也许还有更多,因为这条路和随后的其他信息已经为你标出了成功的方向。

成功之路已被发现。沿途有人对它进行了调查,并设置了指示牌。这些指示牌告诉你该怎么做。有15个这样的指示牌,如果你看到这些信息,按照它们告诉你的去做,没有什么能阻止你成功。

这15个指示牌是一个现在非常成功的人设计出来的。他有自己的房子、汽车,有一个金额不菲的银行账户。他有一个妻子和几个幸福的孩子。

他自己很成功,也很快乐。没有人帮助他,他和你一样缺乏先天优势,不久前他甚至在煤矿厂做了一名工人。

这个人成功了,就像你现在也可能会成功一样,通过观察这15个成功路上的指示牌。

本书也是希尔毕生收集的那些伟大人物成功秘诀的总结,这些智慧随着书的发行传播到了全世界。

在人生的道路上,认识这15个指示牌,遇见这15个指示牌,实践这15个指示牌,那么,你一定会成为一个了不起的人。

# 序

你有没有想过，为什么有些人成功了，而有些人却被成功避开了？这是拿破仑·希尔在童年时期就思考的一个问题：为什么有些人成功了，而其他千百万人却没有成功？他用毕生的时间来研究这个古老的问题，寻求答案。

拿破仑·希尔1883年出生于弗吉尼亚州西南部的偏远山区。在希尔的童年生活中，似乎没有什么预示着他会成功。他出生在一间小木屋里。他曾经说过："我家族的三代人都出生、生活在山区，他们在教育资源匮乏和贫穷中挣扎，没有走出过大山。"与东部的大城市相比，山区的生活很原始。人们的寿命短，死亡率高。许多弗吉尼亚的农村居民都患有慢性疾病，这些疾病往往是营养不足引起的。希尔10岁那年失去了母亲，母亲去世时只有26岁。没有明显的迹象显示出他能取得大的成功。一年以后，拿破仑·希尔的父亲再婚了，这是男孩人生的转折点。他的继母玛莎·拉梅·班纳，是一位受过教育的妇女，一位中学校长的遗孀，一名医生的女儿。希尔的新妈妈在他身上看到了别人似乎未曾赏识的潜力。在他小时候,她说服他用枪换了一台打字机,并教他如何使用。15岁时,希尔就用这台打字机打新闻报道,结果证明,这台打字机对于他的一生而言,价值连城。

除了全州主要的大中城市外,其余地方的学校都处于不稳定状态。在山区,小学一年只开放大约4个月。当时的中学很少,全州只有大约100所,大多数学校只提供两到三年的课程。甚至当希尔20岁时,整个弗吉尼亚州只有10所四年制的中学。脱离这样的处境,取得那样的成功,影响世界各地数以百万计的人,是不同寻常的。

希尔在他的文章、书籍和演讲中经常提到他的童年。他对童年的记忆大多是负面的,难怪希尔在他职业生涯的大部分时间里,总是讲述他白手起家的故事。在弗吉尼亚的怀斯完成了为期两年的高中学业后,希尔把成为一名高级经理作为目标。进入附近的塔兹韦尔商学院后,他参加了秘书工作的进修课程,这将为他进入商界做好准备。然后,希尔选择向弗吉尼亚州西南部山区一位最成功的人申请工作。希尔说,他愿意在试用期为雇主支付报酬。

鲁弗斯·艾尔斯将军,最富有和最成功的人之一,将成为拿破仑的新雇主。我们很容易理解为什么拿破仑·希尔,一个从贫穷和教育资源匮乏的环境中走出来的人,会想为艾尔斯将军工作。

他写信给艾尔斯:"我刚刚完成了一门商学院的课程,我完全有资格担任您的秘书一职,这是我非常渴望得到的职位。因为我没有经验,我知道现在为您工作对我来说比对您更有价值。正因为如此,我愿意为能有幸与您共事而付出报酬……您可以收取您认为合理的任何费用。"

艾尔斯雇用了年轻的拿破仑·希尔,他来得早,加班到很晚,并且愿意"付出更多的努力来提供比加班补偿更多的服务"。"付出更多的努力"后来成为希尔成功的法则之一。

当希尔开始研究成功人士及他们成功的原因时,艾尔斯的背景对他很有帮助。艾尔斯年轻时曾在南北战争中在南方邦联军队服役。战后,艾尔斯曾在一家商店工作,并且学习法律;此后他成为一名非常成功的律师,担任过弗吉尼亚州的总检察长;他也是一名成功的商人,曾帮助组建银行,经营煤矿企业。从艾尔斯那里,希尔萌发了上法学院学习,然后成为一名律师的想法。

希尔让他的弟弟维维安·希尔相信,要是弟弟被乔治敦大学录取,希尔可以用自己的稿费资助他们俩读完大学。希尔收集到的信息引导他走上了写作和演讲的人生之路,而这是建立在他对个人成功的研究发现之上的。希尔的研究发现为他1928年出版的八卷本《成功法则》,和1937年出版的有史以来最畅销的励志书《思考致富》奠定了基础。你即将阅读的这本书汇集了一些希尔关于成功的宝贵文章,这些文章是在希尔出版他的第一本书之前写作的。请记住,

1908年希尔采访了安德鲁·卡耐基,但是在20年后,他才出版了第一本书。

在这20年里,希尔写书、演讲、讲授成功学课程,并出版了自己的杂志。希尔出版了期刊《拿破仑·希尔》和《希尔的黄金法则》。

这些杂志上的文章部分汇集在了现在你手中的这本书里。无论你是老读者,还是第一次阅读希尔的作品,你都会获得对生活有帮助的宝贵见解。经过努力,希尔在杂志社找到了一份工作。1908年,希尔被派往纽约,在有64个房间的豪宅里采访安德鲁·卡耐基。卡耐基年轻时来到美国,几乎没有受过什么教育。通过努力工作和投资,卡耐基很早就成为百万富翁。作为美国钢铁公司的创始人,接受希尔采访时,卡耐基已经74岁了。到1919年去世为止,卡耐基捐出了3.5亿美元。

卡耐基向希尔谈到了成功的法则。在谈话结束之前,卡耐基鼓励希尔采访和研究伟大领导者们的生活,并将发现整理成一套法则,以便帮助他人奋发图强,实现自己的梦想。

卡耐基向希尔介绍了当时的领导者们,如约翰·D.洛克菲勒、托马斯·爱迪生、亨利·福特和乔治·伊斯曼。你会发现,希尔的作品在世界各地都很受欢迎,并且对当今的励志运动产生了前所未有的影响。

唐·M.格林(拿破仑·希尔基金会常务董事)

# 目录

| | |
|---|---|
| **第一部分　成功之路——15个指示牌** | 1 |
| 明确的人生目标 | 2 |
| 自信心 | 13 |
| 主动性 | 20 |
| 想象力 | 24 |
| 热情 | 29 |
| 行动 | 33 |
| 自制力 | 38 |
| 超额完成工作 | 48 |
| 吸引力 | 62 |
| 精确的思想 | 71 |
| 专注 | 75 |

| | |
|---|---|
| 坚持 | 82 |
| 从失败中学习 | 88 |
| 宽容 | 110 |
| 应用黄金法则 | 120 |
| **第二部分　成功** | **135** |
| 你有多机智？ | 138 |
| 一位领导者的价值是什么？ | 141 |
| 我如何才能出售我的服务？ | 143 |
| 人以群分！ | 145 |
| **第三部分　领导力** | **148** |
| 付出才有回报 | 149 |
| 承担最重要的责任 | 151 |
| **第四部分　开阔的视野的力量** | **153** |
| 视野的重要性 | 154 |
| 视野与成就 | 155 |

# 第一部分 成功之路 —— 15 个指示牌

　　从现在开始，从今天开始，去创造一种强烈的、不可抑制的欲望，去获得你想要的人生。你白天要琢磨这事，夜里梦中也要思索这事。

## 明确的人生目标

第一个指示牌叫作：明确的人生目标！

在太阳落山之前，你必须决定你的人生目标是什么。在你决定之后，你必须用清晰、简单的文字写下你的明确目标。你必须把它描述得很清楚，这样别人在看过你的描述后就会知道它是什么了。

假设你的目标是拥有一套房子、一辆汽车和一笔可观的储蓄，有工作同时有休息、放松和娱乐的时间，你可以写以下文字来说明你的目标：

> 我人生的明确目标是拥有一套房子、一辆汽车和一笔可观的储蓄，有工作同时有休息、放松和娱乐的时间。作为对这些生活乐趣的回报，我将尽我所能提供最好的服务，我将好好表现自己，使我的服务的购买者对我所提供给他们的服务感到满意。
>
> 为了确保我的雇主永远满意我的服务，无论我得到多少报酬，我将永远努力提供最好的服务，因为我的常识告诉我，这个习惯将使我成为一个非常受欢迎的员工，并让我所提供的服务获得最高的价格。为了

这个明确的目标，我将签上我的名字，连续 12 个晚上睡觉前读一遍。

心理学家们声称，任何一个人，如果用与上述类似的词语写下一个明确的目标，并且忠实地遵守连续 12 个晚上睡前阅读它的习惯，那么他一定会等到这个目标实现的那一天。

记住，这个明确的目标是走向成功的第一步，同时也要记住，给这些指示牌命名的人是在非常基层的工作中开始的。他是一名煤矿工人，实际上没有在学校受过教育，但很快就获得了成功。如果你遵循这些指示牌上的说明，你也可以做到。

几乎从你写下你的明确目标的那一天起，你就会注意到所有事情都将朝着有利于你的方向发展。你会注意到你的同事将更体谅你。你会发现你的雇主将注意到你的工作，并以你从未见过的微笑问候你。看不见的力量会来拯救你，你将开始连连取胜直到成功，就像一群友好的人在秘密地跟随你的脚步，并在你所做的一切事情上帮助你。

你也会注意到，你将对同事和雇主更加友好。你会对你所有的朋友更有耐心，他们会越来越喜欢你，最后你没有了敌人。每个人都开始对你友好，这些朋友会帮助你取得成功。

这是那些尝试了这个计划,并发现它会起作用的人的前景!

不要怀疑它是否对你同样有效。按照这篇文章和随后的指示牌上所写的指导去做,从这些指示牌交到你手上算起,一年以后,认识你的人会惊叹于你的个性,你会发现自己是一个所有人都会喜欢的、有魅力的人。你还会发现,所有认识你的人都会不厌其烦地给你机会,就因为他们喜欢你。

"人如其心所思。""其心"就像哈姆雷特曾经在他的"内心深处"中说的"内心"。古希伯来作家在经文中使用"内心"这个词作为人的情感本质的标志,虽然他们可能对现代心理学一无所知,但是正如约翰·赫尔曼·兰德尔在其《人格文化》一书中所指出的那样,他们抓住了一个伟大的心理学本质:所有的思想都源于原始的感觉或情感。

人格被认为是理性、情感和意志的自觉统一,它在一个创造性的过程中得以自我表达,这个过程首先从冲动或感觉开始,然后转变为思想,最后在意志的行为中完善自己。归根结底,我们的世界是由我们的一系列主导欲望所决定的。人格是欲望的延伸。

一个人的主导欲望是什么样的,他的人格世界也就是什么样的。或者简而言之,一个人的主导欲望是什么,他就会成为什么样的人。挥霍者最大的欲望是"把我的那份分给我"。培利说，24年来，无论睡着还是醒着，他人生中的梦想和目标就是找到北极。爱迪生和白炽灯泡，史蒂芬森和火车机车，富尔顿和蒸汽轮船，都反映了欲望在成功中的重要作用。

了解了一个人的固有欲望，你就可以去预测他将成为什么样的人。给我看看一个人挂在墙上的画，他的书房里的书，他去看的电影，经常和他在家里聚会的朋友们，我就能告诉你，他在自己的心灵石碑上所写的东西，他在梦中所进行的对话，以及他的思想世界。

如果你的世界是由你的主导欲望所决定的，那么创造一个美丽世界的唯一方法就是思考。就像拉尔夫·沃尔多·特林所说的那样，"与无限保持一致"；就像伟大的开普勒所说的那样，"去思考"。思考，就像大师自己与意志和谐共处——"你的心愿将会实现"。你要相信你的愿望终会实现。

大约20年前，一位南方作家写了一本《摆脱奴隶制》的书。写这本书的人现在已经去世了，但他的作品，像一座丰碑矗立在亚拉巴马州的塔斯基吉，流芳百世。这个作家的名字叫布克·T.华盛顿。

我为年轻时没有读过这本书而感到羞愧，因为它是每一个人在年轻的时候都应该读的一本书。

如果你有时感到灰心丧气，就去图书馆读这本书。它会让你知道你沮丧的真正原因。布克·T.华盛顿出生时就是个奴隶。他甚至不知道他的父亲是谁。奴隶们被解放后，他强烈地想自学。

华盛顿听说过弗吉尼亚汉普顿有一所学校。他没有钱付车费，也没有钱付旅费，就从他在弗吉尼亚的小棚屋出发，步行去汉普顿。

在弗吉尼亚州的里士满，他在一艘货船上打了几天的零工。他的"旅馆"是一条木栈道，他的"床"是冰冷的大地。他把在船上劳动所得的每一分钱都存起来，除了每天吃粗粮而花的几分钱。整个晚上，他都能听到头顶木栈道上"咚咚咚"的脚步声。由此，我们判断：他住的地方并不太舒服。

但是他有一种强烈的欲望，想要让自己接受教育。当人们对某种事情有这种强烈欲望的时候，不管他们是什么肤色，钱包有多鼓，通常在欲望消失之前就会得到它。

当船上的工作完成时，华盛顿又一次将注意力转移到"汉普顿之行"上。到了那里，他就只剩下五毛钱。他们打量了他一番，听了他的故事，但没有表示他是否能以学生身份入学。

最后，学校的女负责人给了他一次"入学考试"的机会。这和哈佛大学、普林斯顿大学、耶鲁大学的考试很不一样，但这毕竟是一场考试。她请他走进来打扫一个房间。

华盛顿带着做好这项工作的决心去完成这项任务，因为他有着进入这所学校的强烈欲望。他把房间打扫了四遍。然后他用一块抹布把房间的每一处都擦了四遍。

那位女负责人来检查他的工作。她拿起手帕，想找一粒灰尘，可是根本找不到。由于没有发现灰尘，她对小男孩说："我想你有资格进这所学校了。"

布克·T.华盛顿去世前，他已将自己提升到这样一种荣耀的地位：他与当权者们接触，并总是受他们的邀请，但他不沽名钓誉。

作为一名公共演说家，他把听众都吸引住了。他的风格是那么简朴。他从不说大话，也不吹牛。他总是举止自然。他简单、直接、坦率的作风使他在自己的崇拜者及美国和许多其他国家的人心中占有一席之地。

他给了所有在任何职业中沽名钓誉的人一个教训。

华盛顿教导他的崇拜者们把更多的时间花在学习如何砌砖、建造房屋和种植棉花上，而不是花在研究消亡的语言或文学上。他理解了"教育"这个词的真正含义。他知道教育意味着人内心的发展，学习并提供有价值的服务，学习如何在不干涉他人权利的情况下得到所需要的一切。

《摆脱奴隶制》一书中有一段话，在我的心目中，这段话就像一颗明亮的星星。他说，判断一个人的成功与否，不应该看他取得了什么成就，而应该看他克服了什么障碍。

这多么正确啊。我们知道纽约市有一个家庭，他们在纽约市拥有价值数百万美元的财产，那个家庭里没有一个人做过任何事来挣到那笔财产中的一分钱，而这些家庭成员被认为是"成功的"。

布克·T.华盛顿生来是一名奴隶，直到长大成人后才有了足够的衣服来遮盖自己的身体。他克服了那些会让我们大多数人举手投降的障碍。他在种族偏见和贫穷这两个异常困难的障碍面前挣扎。

然而，尽管存在这么多障碍，他为自己和他的家族赢得了社会地位，许多没有那么多障碍要克服的人可能会非常羡慕他。

他是对的！一个人拥有多少物质财富并不重要，重要的是他一路上克服的障碍。

读一下华盛顿的书。把它带到一个安静的角落，边读边思考。将华盛顿的困难与你自己的一些过去或现在认为无法克服的困难进行比较。这本书会给你带来很大的启发。

这本书既有教育意义又有趣味。华盛顿让人笑，也让人哭。他讲述了他的第一顶帽子。由于穷得买不起"商店里的帽子"，妈妈用两块旧布给他做了一顶。当他戴着帽子出现时，其他孩子都笑了，还嘲弄他。但是在后来的岁月里，很多嘲笑他的人都进了监狱，或者仍然没有做任何改善自己生活或自己家庭状况的事情。

所有以写作为职业的人都应该读一下《摆脱奴隶制》。

华盛顿没有试图维护他自己或他的种族，逻辑贯穿全书。书中的每一处事实都是显而易见的。请你阅读这本书。

现在是时候盘点一下你过去的经历，找出你所学到的对你有用的东西，以及当你的生命之烛还在燃烧时你希望完成的事情。问问自己这些问题，坚持自己的答案。

> 我从失败和错误中学到了什么，这对我将来有何帮助？
>
> 我做了什么使我有资格在生活中获得更高的地位？
>
> 我做了什么让世界变得更美好？
>
> 什么是教育？我如何培养自己？
>
> 回击那些伤害我的人对我有好处吗？
>
> 我怎样才能找到幸福？
>
> 我怎样才能成功？
>
> 什么是成功？
>
> 最后，在我最终放下手中的工作之前，我希望取得什么样的成就？
>
> 我人生的明确目标是什么？

把答案写下来，在写之前好好想想。结果可能会让你大吃一惊，因为如果你认真回答这些问题，会让你比普通人在一生中作出的建设性的思考还要多。

在回答最后一个问题之前要多想想，找出你生活中真正想要的是什么，然后看看得到它是否能给你带来幸福。

人生中超越一切的目标就是找到幸福。审视你自己，你会发现你所有的动机最终都引导你去寻找幸福。

在你寻找这些问题的答案的过程中，你一定会发现，幸福——那个真正让人满足和生活下去的目标——只有通过为他人付出才能获得。找到幸福，不需要金钱和代价。当你通过有价值的服务把它传递给别人的那一刻，你自己就拥有了幸福。

在你确定你的明确人生目标时，如果把幸福也包括在内，这难道不是件好事吗？

每个正常人的头脑中都有一种沉睡的天赋，等待着强烈欲望的温柔抚摸来唤醒！

听我说，内心充满忧伤的人们，你们正在摸索一条出路，从失败的黑暗中走出来，走向成功，走向光明——那样你们才有希望。

不管你经历了多少次失败，也不管你跌到多低的地位，你都能重新站起来！那种说机会只会来一次，以后就不会敲门的人是大错特错了。机会站在你的门口。没错，它不会敲你的门，也不会试图打破你的门板，但它仍然在那里。

如果你经历了一次又一次的失败呢？每一次失败都不过是一种伪装的幸运——一种磨炼了你的心智，为下一次考验做好准备的幸运！如果你从未经历过失败，那你就该感到遗憾，因为你错过了大自然最伟大的教育过程之一。

如果你过去犯过错误呢？我们谁没有犯过错？找到一个从未犯错的人，你也会发现他是一个从未做过任何值得一提的事情的人。

从你现在所处的位置到你想去的地方不过是一跳、一跃、一蹦而已！也许你已经成为习惯的受害者，像其他许多人一样，你已经陷入了平庸的生活、工作中。鼓起勇气，有出路的！鼓起勇气——所有人都有一条适合自己走的道路，路线如此简单，以致我们严重怀疑这是不是一条有前途的路。然而，如果你这样做了，你肯定会得到回报。

这条黄金法则应该成为美国每一家企业、每一位专业人士的口号，并印在每页信笺上。

人类所有成就的先驱是欲望！人类的头脑是如此强大，它可以创造你所渴望的财富、职位、友谊，以及在任何有价值的事业中取得成就所必需的品质。

"愿望"和"欲望"是有区别的。愿望只不过是所希望的事物的种子，而强烈的欲望则是所渴望的事物的胚芽，再加上必要的肥沃土壤、阳光和雨水，使它得以生长发育。强烈的欲望是唤醒沉睡在人脑中的天赋并使其真正起作用的神秘力量。欲望是锅炉中迸发出火焰的火花，是产生驱动力的蒸汽！

人生是由面临的一长串抉择组成的——要么迅速作出决定，要么让机会溜走。做或不做同样会对我们产生好的或坏的影响。人的性格是在我们一生中被要求作出的无数决定的影响之下形成的。

引起欲望并使之发挥作用的因素是多种多样的。有时朋友或亲戚的去世会带来影响，而在其他时候，经济上的衰退也会产生一定的影响。失望、悲伤和逆境都会发挥作用。当你明白失败只是一种暂时的状况后，它会促使你采取更强有力的行动，你就会明白，就像你在晴朗的日子看到的天空一样清楚，失败是成功之母。当你从这个角度来看待逆境和失败时，你就会开始拥有这个世界上最伟大的力量，然后你就会开始从失败中受益，而不是被失败拖垮。

快乐的日子将要来临！当你发现你渴望完成的事情并不取决于别人，而是取决于你自己的时候，梦想就会实现！当你发现欲望的力量之后，崭新的一天就会到来！

从现在开始，从今天开始，去创造一种强烈的、不可抑制的欲望，去获得你想要的人生。你在每一个闲暇时刻都集中注意力在这事上面。把它写在纸上，放在你随时都能看到的地方。集中你所有的努力去实现它，瞧！仿佛被魔杖一碰，它就会出现在你的面前。

# 自信心

成功之路上的第二个指示牌就是自信心。

要想成功,你必须相信自己。如果别人不相信你,那你就不会有自信心;要让别人相信你,首先你必须值得信任。

如果你今天看到的每个人都告诉你,你是一个可爱的人,这会让你相信自己;如果你的老板每天都夸奖你,说你的工作做得很漂亮,这会让你相信自己;如果你的同事每天都告诉你,你的工作做得越来越好了,这将使你对自己更有信心。

我们都需要别人相信我们,鼓励我们。有人说,如果一个男人的妻子每天带着一个愉快的微笑和一句鼓励的话送别他出去工作,那么这个男人的妻子可以引导他走向成功。那位在通往成功的路上制作了这些指示牌的人把他的成功很大程度上归功于他的妻子。她每天在他去上班前都带着这样鼓舞人心的想法:

"你今天肯定能把工作做好!"

她从不唠叨,也从不批评他。如果他迟到,她从不责备他。她总是告诉他,她认为他是个多么聪明的人。有一天，她做了一件非常不寻常的事——她给丈夫写了一组便条，让他在便条上签字，挂在他面前，让他在工作的时候一整天都能看到。这是便条的内容：

> 我相信我自己。我相信和我一起工作的人。我相信我的雇主。我相信我的朋友。我相信我的家庭。我相信，如果我尽自己最大的努力，能通过忠诚、高效和诚实的服务来获得成功。我会对其他人耐心，会宽容那些与我意见不同的人。我相信成功是聪明努力的结果，而不是靠运气、不正当的手段，出卖朋友、同事或我的雇主。
>
> 我相信"种瓜得瓜，种豆得豆"。因此，我将小心翼翼地对待别人，就像我希望他们如此对待我一样。我不会诽谤我不喜欢的人，我不会轻视我的工作，无论我看到别人在做什么。我将尽我所能，因为我已发誓要在生活中取得成功，我知道成功永远是认真努力的结果。最后，我会原谅那些冒犯我的人，因为我意识到我有时也会冒犯别人，并且我也需要他们的原谅。

当你读到他签署的并尽其所能践行的便条时，你是否想知道这个从煤矿工人起家的年轻人为何获得了成功和财富？这是一个值得你签字的很好的便条，值得你放在工作的地方，放在你每天都能看到的地方，放在别人也能看到的地方。一开始，你可能会发现很难做到便条上的内容，但是，任何值得拥有的东西都是要付出代价的。获得自信所要付出的代价是认真努力地实践。

如果你结婚了，把这个便条的内容告诉伴侣。如果你还没有结婚，把它给那个将要成为你人生伴侣的人看，并请那个人帮助你实践便条上的内容。

如果你希望别人相信你，那就先相信你自己。如果你希望别人期望你成功，那就先期望自己成功。把你的价值定得高一些。

相信自己会得到丰厚的回报，培养那种让别人相信自己的个性也会得到回报。我们知道一个一生都在帮助别人的人会帮助自己建立自信。前几天，某人接到通知，一位成功的商人在遗嘱中为他留下了一大笔遗产。捐赠人解释说："您的一本书帮助我成为一个成功的人，我将把我的一部分财富留给您，这样您就可以像帮助我一样继续帮助别人。"

助人的好处很多，不仅在于让人赚钱，还可以让人获得幸福。如果你想开发助人的能力，你就不能用金钱标准来衡量这种能力。首先要相信自己。这是取得一切重要成就的首要条件。

你是世界上最重要的人。在你的体内有一个成功者的所有要素；在你的体内有所有潜在的力量，这些力量会帮助你实现自己渴望的东西——成功和幸福。这篇文章将帮助你越来越意识到你是一个有价值的人，而且是世界上最重要的人。

正确理解你的欲望会帮助你意识到自己有能力去实现它们。

对你来说，荣誉、财富和权力也许是不期而遇的，但它们不会为你服务，除非你准备好接受它们、正确地使用它们，否则你将再次失去它们。

一个人的全部力量源于他自己，而一个人的首要责任就是对自己负责。在忠实地履行这一职责的过程中，你不可能不给你所处的社会留下深刻的印记。

你可能只是在一家大公司工作的成百上千人中的一个。你当前的工作可能看起来单调而琐碎。不要灰心，做你自己，展示你自己。你的工作表现永远由你自己决定。这将永远是你应得的。这不是由你的工作、你的报酬、你的处境决定，也不是由你的前景决定，而是由你自己决定。

相信自己有能力做大事。只有对自己有信心，你才能让别人对你有信心。

无论被要求做什么，你都应该全心全意地关注并投入，尽你所能去做，以一种让上级能注意到你的方式去做。只要你的行动有效，有影响力，就可以让他们注意到。所以，一切都取决于你。

对自己感到沮丧，不是帮助自己而是贬低自己。下定决心去追求更好的东西，做好准备并渴望为更好的东西而努力，你肯定会得到回报。

如果每个人，无论男女，都更加努力，把自己看得更重要，并按照这种态度工作，那么没有一家公司会有论资排辈晋升的制度。在衡量自己的重要性时，不要让自己漂浮在自我至上的海洋中，不要让你的头脑膨胀起来。一个人只有保持自制力，才能对自己有恰如其分的评价。

当你意识到自己的重要性时，你会控制它，这样你就可以以一种明智和冷静的方式运用你的力量。照我说的去做。

把你现在的工作做得比那些与你年龄或经验相当的任何人都要好。这样，你就能表现出你能胜任更重要的工作。这些更重要的工作将会落到你的肩上，进一步地提升将是必然的。所以你是否会继续进步，一切都取决于你自己。如果你决定努力上进，没有什么能阻止你。

大多数真正伟大的人都是从小事做起的——比你的身段放得更低，不管你现在的职位是什么——他们认识了自己，认可了那个说"我愿意"的人的力量。"除非你有足够的自信去把握它们，否则机会不会来找你。"

下定决心把你正在做的工作做得更好。展示你如何以更少的精神和体力消耗来创造更多的价值。

你生来就不是永远待在你现在的位置上的。如果你准备爬上去，上面还有你的空间。努力向上爬也是有乐趣的。如果我们努力工作，工作就是一种乐趣。对于一个有生活目标的人来说，做繁重枯燥的苦活儿毫无意义。

有一份更好的工作在等着你。你不可能通过索取得到它。先专注当下的工作，在此基础上，着手寻求新的机遇。这个世界需要那些把自己看得重要的人，他们能有效地完成每一项任务，并因此而感到自豪，从而使自己有尊严。更好的职位在等着你，但你必须表现出自己配得上它，通过充分完成好你目前的工作来展示你的能力。有人会看到你的能力并雇用你。

任何值得拥有的，就是你值得为之工作的。不要因为别人的成功而生气或烦恼。用你的时间为你自己的目标奋斗，把时间花在你当前的任务上，不要太在意结果——它会实现的。这是必然的。这是规律。

把自己当作一个有价值的人。对自己要求高一点。做自己最严厉的监工。

对你来说，最重要的是你自己。彻底发挥自己，重视你自己，为自己努力工作。其他人将在这个过程中受益——不要否认这一点。请放心，回报是肯定的，因为你努力工作就是为了获得回报。不要轻视自己。不要贬低自己在自己眼中的价值。对自己要有信心。

你是世界上最重要的人。你可以成为你想成为的人。没有人比你能为自己做得更多。一切都取决于你。

林肯曾住在小木屋，后来入主白宫，因为他相信自己；拿破仑一开始是一个贫穷的科西嘉人，他征服了半个欧洲，因为他相信自己；亨利·福特最初是一个贫苦的农民，因为他相信自己，所以他比世界上任何一个人都会制造汽车；洛克菲勒开始是一个贫穷的记账员，后来成了世界上最富有的人，因为他相信自己。他们如愿以偿，因为他们对自己的能力有信心。现在的问题是，你为什么不决定你想要什么，然后努力去追求它呢？

# 主动性

通往成功之路上的第三个指示牌是积极主动！

简单地说，有主动性意味着你会在没有别人告诉你的情况下去做你应该做的事情。

在通往成功的道路上，创造这些指示牌的人是在弗吉尼亚州怀斯的山区长大的。他几乎没有受过什么教育。当他在矿井里当送水员的时候，他没有家，而且只有很少的朋友。

送水工作并没有让他忙个不停，所以他利用空闲时间帮助车夫们在矿井口解骡子的套具。一天，矿主来了，看见这个少年在帮车夫们干活。矿主拦住他，问他是谁叫他干这额外的活儿的。

男孩回答说："没有人让我做，但我有一些额外的时间，我想没有人会在意我是否把它用在帮助车夫的工作上。"

矿主刚要走开，又突然转身对这个少年说："你今天晚上下班后到我办公室来。"少年很害怕，因为他认为这意味着他可能会失去工作，因为他做了别人没有告诉他要做的事情。那天晚上，他战战兢兢地走进矿主的办公室。

矿主看他很害怕的样子，马上就安慰他不用害怕。他请少年坐下，然后对他说：

"孩子，你知道我们有几百人在这个矿上工作，我们有20多个监工，监工的工作是确保矿工做他们被告知要做的事情，并做得好。在这几百个人中，你是第一个我不得不叫到我办公室的人，因为你帮助了另一个人做他的工作，而你却没有被告知要这样做。你拥有一种罕见的品质，那就是主动性，如果你继续发挥它，总有一天你会在这里的任何你想要的职位上工作。"

然后，矿主继续自己的工作。男孩站起来，溜出了办公室。这是他一生中最幸福的时刻之一。他去了办公室，以为自己会被解雇，结果反而受到了称赞。

5年后，这个男孩被任命为这家工厂的总经理，手下有1000多人。当时他也是美国最年轻的煤矿厂总经理。厂里的人都喜欢他，信任他。在发薪窗口的上方有一块巨大的招牌，上面写着：

> 5年前，这家工厂的总经理当送水员，每天工资50美分。有一天，矿主在三号矿井口看到了这个帮车夫解骡子套具的送水员。

他没有得到做这项额外工作的报酬。没有人要求他做这件事。他这样做是因为他想伸出援助之手，减轻车夫们的负担。

这种主动性是人的品质中较有价值的部分。像这个送水员一样，每个在这个窗口领工资的人都有同样的机会晋升到更有责任的职位，而且可以用完全相同的方式做到这一点。

在这家工厂里，没有人被要求去分担另一个人的工作，但是如果他选择去分担的话，没有什么可以阻止他这么做。所以，若有人能展示出像这个送水员一样的主动性，他最终会得到这个工厂里的一份好工作，没有人能阻止他。

从今天开始，你应该好好发挥主动性，并因此得到更多机会，因为这是通往成功之路上最重要的指示牌之一。

这个指示牌对你的要求很简单，也很容易执行。在接下来的10天里，每天至少做一件别人没有告诉你要做的，但是与你的工作相关的事情，并把这当成你的职责。你所做的事，不要告诉别人，不泄露自己的想法，遵照这些指导。

如果你的工作性质决定了你无法去做别人没有告诉你要做的工作，那你就稍微加快速度，在相同时间内完成更多、更好的工作。坚持10天，到那时你就会引起老板的注意。10天后，你也会看到发挥主动性给你带来的回报。主动性会给你带来更重的责任、更高的薪水，并帮助你实现你人生中任何明确的目标，得到你决定要的东西。

首先，这个世界有一种东西能给人以金钱和荣誉两方面的大奖，这就是主动性。主动性是什么？我告诉你：它是在没有人告诉你的情况下做正确的事情。

但是，在没有人告诉你的情况下做正确的事情，与之接近的就是在别人只告诉你一次的情况下去做正确的事情。也就是说，"把信带给加西亚"（在重要的任务中表现出主动性）。那些能传递信息的人会得到很高的荣誉，但他们得到的报酬并不总是成比例的。

其次，有些人直到他们被告知两次，才去做事情。这样的人得不到荣誉，只有微薄的报酬。

再次，有些人只有在必要时才会做正确的事情，他们得到的不是荣誉，而是冷漠和极少的报酬。

这类人大部分时间都在重复做着同样的事情，浪费着自己的时间。

然后，还有这样一种人，他不会做正确的事情，即使有人走过去告诉他如何去做，并留在那里监视他去做；他总是失业，因此他受到蔑视，除非家境殷实。

你属于哪一类？

# 想象力

成功之路上的第四个指示牌是想象力!

每个成功的人都必须运用想象力。你在小时候就能运用你的想象力。

当你运用想象力时,只是用旧的想法来制订新的计划,就像用旧的砖建造新房子一样。

一天,在自助餐厅里,一个年轻人手里拿着一个托盘,正准备去吃晚饭。排队时,他的想象力开始发挥作用。他想:"为什么不开一家自助杂货店呢?在那里人们可以走进来,把想要的东西装满篮子,出去前在门口付钱。"

他租了一家小商店,把自助杂货店的想法付诸实践。现在他在几十个城市都有商店。他的想法使他成了一个富有的人。他的自助杂货店既节省时间,也为在那里购物的人省钱。

环顾四周,看看你是否能让你的想象力为你服务。如果你能在更短的时间内完成自己的工作,你就有了一个有价值的想法;如果你发现一种方法可以帮助别人在更短的时间内完成他的工作,你也有了一个有价值的想法。任何能节省时间和劳动的想法都是值钱的。记住这一点，时刻注意寻找一个可以节省你时间的计划或想法，因为这个计划将帮助你走向成功。

在南方各州的人们种棉花。他们过去常常把棉花籽扔掉或成堆倒掉。这些棉花籽毫无用处。把它们拉走是要花钱的。

有一天，一个年轻人走了过来，看到了那些成堆的棉花籽。他抓起一把，用牙齿咬碎了一粒。他发现里面满满的全是油。

他拿了一个装满棉花籽的锡盆，用锤子把棉花籽捣碎。他把捣碎的棉花籽倒进一个袋子里，把油挤了出来。他发现这种油有许多用处。他还发现，榨油后的棉花籽是牛的好饲料。

这个年轻人运用了他的想象力。他发现棉农扔掉的棉花籽是他们作物中最有价值的部分。

于是他开始购买这些棉花籽，用来榨油和喂牛。他的发现使他成了一位非常富有的人。

这个年轻人的想象力一年价值数百万美元。任何一个知道如何挽救将被浪费掉的有价值的东西的人，都能充分利用自己的想象力。也许有一个机会让你发挥你的想象力，阻止一些浪费或者为你的工作地附近的人节省时间。如果你能找到这样的机会，它将帮助你走向成功。

在太平洋沿岸的加利福尼亚州,一座城市被建得尽可能靠近大海。那城市的城区逐渐扩展,直到把附近的平地都覆盖了。

有一座能俯瞰大海的陡峭小山。人们不能在这座山上盖房子,因为它太陡了。山脚下的地面是平的,但大部分时间都被涨潮的海水覆盖着。那里太潮湿,也不适合盖房子。

没有人认为这块地值钱,因为它不能用来盖房子。有一天,一个富有想象力的人出现了。他爬到陡峭小山的山顶,俯视被潮水淹没的地面。然后他的想象力开始发挥作用。他训练想象力为他服务。他看到了住在那个城市的任何人如果运用想象力都能看到的东西。

他找到那块充满海水的洼地的主人,花了一小笔钱买下了它。接着他又找到那座陡峭的小山的主人,花了一小笔钱买下了它。然后他买了一些炸药,把陡峭的小山炸塌,山石铺满洼地,洼地变成平地,又在山冈上留下了一块平地,然后他就把这块平地卖了,用于建筑房屋。在几个月的时间里,这个富有想象力的人通过把山石从陡峭的山上移到洼地里而发了大财。

看看你工作的地方。如果你运用自己的想象力,会看到一些可以做出的改变,这将节省时间或劳动力。你会找到用更少的时间做你的工作的方法,或者发现用相同的时间做更多工作的方法。这对你和你的雇主来说都是有意义的。

除非一个人变得足够强大，能够为自己的错误和失败负责，否则就不能成为其所在团体中的强人，或取得持久的成功。

在寻找成功之路这门课程中，想象力是最重要的内容之一！

如果你在工作中运用想象力，你一定会取得成功。

300多年前，一位贫穷的年轻水手用他的想象力发现了新大陆。这是世界历史上对想象力的最有价值

那位水手的名字叫克里斯托弗·哥伦布！

他从西班牙海岸望向大西洋，想象着大西洋一定有陆地。他把3艘小帆船绑在一起，开始地。头一日、头一星期、头一月后，他都没仍继续航行。

他最终把自己的小船开到了新大陆。

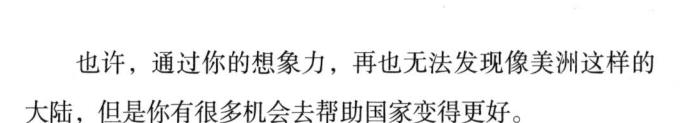

也许，通过你的想象力，再也无法发现像美洲这样的大陆，但是你有很多机会去帮助国家变得更好。

有一天，一个可怜的小伙子乘一艘平底船顺流而下。这个年轻人出生在一个地板上满是泥土的小木屋里。

在新奥尔良，他看到黑种人被贩卖为奴隶。他的想象力开始发挥作用。他认为这是不合理的。

他的想象力告诉他，在这样一个自由的国家里贩卖人口是不对的。许多年过去了，这个乡下小伙子长大成人了。

他决心让贩卖奴隶活动在美国停止。最后这个人的机会来了。美国人民选他为总统，然后他禁止贩卖奴隶。林肯为我们树立了一个好榜样。

林肯认为要对所有人公平。他认为我们应该彼此诚实和真诚。他认为我们应该在商店里、店铺里及人们见面的任何地方实践这个黄金法则。我们从来没有一个总统比林肯更好。他认为每个美国人都有自由的权利。他认为一个人，无论他是白种人还是黑种人，都有权利获得自己劳动的果实。他认为，在这个伟大的国家里，每个遵守法律的人都有权利得到保护。

发挥你的想象力，也许你会做出一些成就，让你的名字位居超越平庸之辈的不朽者之列。

# 热情

通往成功之路的第五个指示牌是热情!

每个人都喜欢热情开朗的人。热情会让你的工作看起来轻松,这会让你的时间过得更快。

热情是会"传染"的。当一个人热情似火,他周围的每个人也会如此。销售人员如果对所销售的商品没有热情,就不可能取得成功。

在亚利桑那州监狱里,有一个被判监禁的年轻人。在进监狱之前,他是个脾气暴躁的家伙,对工作从不热情。他总是麻烦不断,从来没有成功过。当他被终身监禁时,他很快就发现这座监狱对一个毫无热情的人来说将是一个非常寂寞的地方,所以他开始假装对他的工作很热情。他面带微笑,工作得很努力,好像监狱一直在付钱给他似的。他很快就学着喜欢上了这种心态。这引起了监狱官员的注意,他们给了他更多的自由。他在空闲时把注意力转向写作。他开始练习写推销信。他很快就变得非常能干,并引起了那些购买他的推销信的商人的注意。

他的信很有趣,因为他充满热情地写这些信。监狱长给了他更多的自由，直到今天他还在靠写作赚取不菲的收入。这应该让我们这些自由的人思考一下"热情"这个词。总有一天这个囚犯会出狱，他会走向社会，取得巨大成功。如果对你的工作充满热情，你不仅会更喜欢它，而且很快就能赚更多的钱。

就在几年前，埃德温·C.巴恩斯来到新泽西州的奥兰治。他去那里找托马斯·爱迪生要一份工作。

他得到了那份工作，但起初报酬不高。这项工作并不容易，但巴恩斯先生下定决心要为爱迪生先生工作，不管他开始时必须从事什么样的工作。

爱迪生先生是一个非常聪明的人。他想测试一下巴恩斯先生，所以给了他一份低工资的艰苦工作，看看他能坚持多久，以及他多么想为爱迪生先生工作。

巴恩斯先生满怀热情地从事那项工作。他工作起来好像他得到了最高的工资。他面带微笑地工作着。工厂里的每个人都开始喜欢他。虽然他的工作很辛苦，工资也很低，但他还是努力投入工作，使自己成为一个有用的人。

巴恩斯先生现在还年轻，但他对自己的工作表现出了极大的热情，因此多次被提升。现在，他在纽约、圣路易斯和芝加哥都有自己的办公室，销售留声机。他是一个富有的人，在佛罗里达州的布雷登顿拥有一所漂亮的房子。

对一个年轻人来说，这是一个巨大的飞跃。他坐着货运列车来到新泽西州的奥兰治，因为他太穷了，买不起火车票。巴恩斯先生的成功和财富在很大程度上是由于他对工作的热情。不喜欢你的工作，它就会控制你，但如果你对它充满热情，你就会控制它。你可以看到，如果巴恩斯先生不去干爱迪生先生刚开始给他的那份工作和接受低工资，他会怎么样？他接受了一份艰苦的工作，并投入热情。所以，很快他又得到了一份薪水更高、更好的工作。

在接下来的一个月里，把你的工作当作玩一场游戏。不管你是否喜欢你的工作，都要充满热情地去做。请你记住，亚利桑那州立监狱的一名囚犯找到了一种方法，让自己对被迫从事且没有报酬的工作充满热情。你也要记住，监狱的官员给了他更多的自由，并且因为他的工作热情而对他产生了兴趣。你比那个被关在黑暗的监狱里的人有更多优势，因此，你会发现玩这个充满热情的游戏比他要容易得多。

不管你看到别人在做什么，请你将这种热情保持一个月。不要告诉任何人你为什么要这样做。你会从这个游戏中得到很多乐趣。你会发现人们开始对你表现出更多的兴趣。你会发现你的雇主开始注意你，但你必须将你的想法藏在心里，继续你的游戏。你必须记住这样一个事实：你正在通往成功的路上，路上的指示牌告诉你要玩整整一个月的游戏。

你可能不知道为什么你被要求玩这个游戏，但是，你会发现，在月底之前，听从教导是值得的。

一个漆黑的雨夜，两个流浪汉在一辆厢式货车里相遇。其中一名是销售人员，他的工作时间是从上午10点到下午4点。

他们开始谈论自己。其中一个对另一个说："我以前在一家想让我正常上下班的公司工作。他们谈论了很多关于工作热情的废话，但我对它从来没有太大的兴趣。我告诉他们，要么我会按自己的方式去工作，要么干脆不工作。他们不喜欢我的工作方式，所以我戴上帽子走人了。"

另一个流浪汉曾是个聪明人，但是威士忌和赌博毁了他。他听了几分钟，然后问了这个问题：

"比尔，一个和你一样了解如何经营他老板的企业的家伙，怎么会不坐带卧铺的客车而坐厢式货车呢？"

这个问题太棒了！难道你没有注意到，在你所遇到的人当中，失败的人通常会批评成功的人吗？

你会注意到那些成功的人对他们的工作充满热情，而你从来没有听到过他们解释自己是为何失业的。

你还会注意到，把热情和工作结合在一起的人常常是那些做最好的工作、拿最高的薪水的人；那些对任何事情都没有热情，总是抱怨工作太辛苦、工资太低的人，常常是公司经营不善时最先被解雇的人。

# 行动

成功之路上的第六个指示牌是行动。

人骄傲地望着他的手工作品——那些高耸入云的摩天大楼，自言自语道："看，人是多么了不起的物种啊！看看多么伟大的建筑，看看人类进化得多么高级，看看我创造的财富。"

聪明的小蜜蜂守在蜂巢的入口处，听到这个人在吹嘘，它回答说："是的，你们在地球表面确实做出了了不起的改变。你们把泥土变成了摩天大楼，生产了火车；你们已经控制了天空，测量了到星星的距离。不管你们取得多少成就，但是有一件事你们还没有做到，那就是发现你们大脑中的可能性。另一件你们还没有发现的事情是社团精神！你们还没有发现，世界上还有比你们的个人福利更重要的东西。

"你们还没有发现我们小蜜蜂遵守的蜂群精神。我们为蜂群的利益储存蜂蜜，而你们却为牟利而聚敛钱财，压榨你们的工友，控制他们为你们个人牟利。"

这是一种多么令人惊叹的小昆虫啊！

只要我们观察它们，分析它们的习惯，并且思考，它们能教给我们多么精彩的一课啊！

去买一本关于蜜蜂的书，好好研究一下。到蜂房去，蹲在蜂巢前，看蜜蜂工作。

蜜蜂是一种有趣的小昆虫，你可以从中学到很多对你有价值的东西。

每个蜂群里有三种蜜蜂。一种是蜂王，通过产卵让这个物种存活下来，那是它唯一的责任。然后是雄蜂，它让蜂王产下的卵受精。最后是工蜂——那些聪明的小家伙，它们从花丛中采集蜂蜜，储存起来供整个蜂群享用。

在"蜜蜂王国"有一条法令，所有不干活的都必须离开！这个主意不错哦。

你会注意到每个蜂巢里的大多数蜜蜂都是工蜂！这不是自然的偶然现象。

人类能从蜜蜂身上学到的最大的教训就是无私！

蜜蜂靠团体精神在一起工作，它们超越只为自己工作的樊篱。它们为伙伴们工作而不是与伙伴们为敌。它们把蜂蜜储存在一个普通的"仓库"里，整个蜂群都可以去吃。

想象一下，自私、吝啬、自负的人类能否做到这一点！想象一下，一个人与他的同胞们分享他的劳动成果，这样做往往因为得到的比他付出的更多！

在你到处寻找你不快乐的原因之后，把聚光灯对准你自己的内心，你可能会找到原因。

黄金法则所规定的法则不仅是说教。它号召你走出去，先付出，然后才会得到你想要的一切。

无论一个人是否意识到这一事实，他对同胞们所做的事将会以数倍回报给他自己。你们不断地吸引着与你们自己的思想和行为完全一致的人和力量！这是毫无疑问的。

在所有这些纷争中，在所有这些所谓的资本家和劳工之间的无序混乱中，我们看到了蜂群精神的完美对立面。

从这只不起眼的小蜜蜂身上，我们能得到一个多么有价值的教训啊！

我们重申，我们相信真正的成功来自有价值的服务——帮助他人获得财富和幸福的服务。缺少这类服务的一切都不是成功，而是失败！

我们相信，人类必须发扬蜂群精神，才能取得更大的进步。在每一个方面，我们都发现不付出就想获得是徒劳的。在我们拥有任何东西之前，我们必须通过实践和劳动来准备，必须发扬团体精神。

所有伟大的事情都是不难完成的——时时刻刻的准备在起作用。

托马斯·爱迪生不到 20 分钟就证明了白炽灯的价值——他花了一生的时间寻找最好的灯丝。亚伯拉罕·林肯用英语写了一篇最伟大的演讲稿——《葛底斯堡演说》——那是在他发表演讲的前一个小时,在一个信封的背面写成的。然而,林肯伟大的一生的经历才让每一个字都激动人心。

"坚持不懈地、耐心地每一天都工作,朝着最高的和最好的方向努力。"成功之路是奋斗之路。在你做的小事上追求完美,当伟大的时刻来临时,你就已经准备好了。你的力量来自你的汗水,来自你的渴望。

"要想赢得比赛,你必须先成为大帆船上划桨的人!"

在你开始跑对你来说意味着要么成功要么失败的比赛之前,你可以从小蜜蜂那里学到一个伟大的教训——那就是坚持!

不管人抢劫蜜蜂的"仓库"多少次,它们都会从头再来,补充它的蜂蜜。没有一只蜜蜂会因为有人偷了它的劳动果实而恸哭或抱怨。蜜蜂在这方面与人类是多么不同啊!只要蜜蜂还能采蜜,它们就不会停止尝试。

在人生的道路上,你会遇到很多障碍。一次又一次,失败将与你狭路相逢,但请记住这一点——每次你征服了其中一项障碍后,你会变得更强大,会为下一项障碍做更好的准备。障碍都是必要的,它训练你,使你适应伟大的生命竞赛!

如果你在新年伊始就下定决心,要在你的本职工作之外,做更多更好的工作,那么今年将注定是你事业最兴旺的一年。

不要浪费时间去怜悯那些遭遇过许多挫折和克服过无数障碍的人，他们会照顾好自己的。因为他们在大帆船上当过划桨的学徒！

拥有优秀品质的人能够克服那些让他想要辞职的障碍，当他跨过了障碍，他就不再想辞职了。

# 自制力

我经常听到这样的说法:"如果我能把人生重过一遍,我会过得与以往不同!"

就我个人而言,我不能诚实地说,如果我重过一遍人生,我将改变已经发生在我的人生中的某件事情。不是因为我没有犯过错误,恰恰相反,在我看来,我比一般人犯过更多的错误。但我对这些错误的反省给我带来了真正的快乐和大量机会。

每过一年,我都更加确信,生命的浪费在于我们没有付出更多的爱,没有挖掘自己的潜能,过于谨慎而没有冒任何风险,以及因逃避痛苦而错过幸福。毫无疑问,每一次失败都给我上了深刻的一课,失败在取得有价值的成功之前是绝对必要的。

今天是我的生日!

为了庆祝这一天,我将尽我最大努力,为读者们写下我的失败给我的一些教训。

我认为任何人体验过的唯一真正的幸福来自帮助别人。

在我36年的人生中，实际上有25年是非常不快乐的，从我帮助别人找到快乐的那一天起，我就开始寻找自己的快乐。

我的经验告诉我，一个人不可能播下悲伤的种子而期望收获幸福，正如一个人播下蓟的种子，不可能期望收获小麦一样。经过多年的仔细研究和分析，我最终认识到，一个人只要付出，那么回报会成倍地增加，甚至在最细微的付出上也是如此，无论是简单的思想还是公开的行为。

从经济的、物质的角度来看，我学到的最伟大的真理之一是：如果一个人能在他本职工作之外，提供更多、更好的服务，将获得丰厚的回报，可以肯定的是，获得超额劳动的报酬只是时间问题。

这种不计报酬而全身心地投入每一项任务的做法，比我能提到的任何一件事都更能取得物质和金钱上的成功。

我曾经愤恨我所受的每一次侮辱和每一次不公，咬牙切齿，事实证明这样做的代价是巨大的，是非常不值得的。这是我一生中最大的教训。

我完全相信，一个人能学到的最大的教训之一就是自我控制。一个人必须先学会控制自己，否则他永远不能对别人施加很大的影响力。在我看来，有特别意义的是，大多数世界上伟大的领导人都是那些不轻易发怒的人，那些留给我们世界上最伟大哲学（例如黄金法则中的哲学）的领导人，都是宽容和有自制力的人。

> 我从来没有不劳而获，我的成功离不开我最好的判断力、仔细地计划和长期地提前准备。我必须艰难而刻苦地训练自己，不仅在我的身体方面，而且在我的灵魂和精神方面。
>
> ——西奥多·罗斯福

我认为，如果一个人在他周围的人中间煽动和制造敌意，那么这不会在生活中起到真正的有益的作用。与拆台和诋毁相比，促进友谊是有回报的。当我开始出版杂志时，我就开始应用这一法则，把我的时间和社论版面用在建设性的东西上，而忽略了破坏性的东西。

在我36年的职业生涯中，没有一件事比我在这本小杂志上的工作更成功，更能给我带来真正的快乐。几乎从第一期付梓的那一天起，我就获得了前所未有的成功。不一定是金钱上的成功，而是更高、更好的成功，这种成功体现在这本杂志帮助他人找到的幸福上。

我从多年的经验中发现，因为敌人或对自己有偏见的人说了什么话而受到影响，是软弱的表现；一个人只有学会根据事实形成对周围人的判断，而不是人云亦云，才算真正拥有了自控力或清晰的思考力。

我不得不克服的最有害、最具破坏性的习惯之一，就是容易受到带有歧视或偏见的人的影响。

我从一次又一次地犯同样的错误中吸取的另一个重大教训是——无论有没有理由，贬低周围的人都是一个严重的错误。所以，我从某种程度上学会了保持沉默，除非我能说出一些对我的朋友友善的话。

在我开始领会到回报法则之后，我才学会了克制人类这种"把敌人贬低得一无是处"的倾向。回报法则是指，一个人通过口头语言或行动，必然会收获他所播种的东西。我并没有完全克制这个恶魔，但我至少在征服它的道路上有了一个良好的开端。

我的经验告诉我，大多数人天生诚实，那些通常被我们称为不诚实的人是环境的受害者，对所处的环境他们没有完全控制。编辑杂志使我受益匪浅，因为我知道，人们不会轻易破坏自己在周围的人眼中的良好形象。

我相信，每个人都应该体验这种痛苦而又宝贵的经历，比如至少在他的人生中有一次曾被媒体批评，然后倾家荡产的经历，因为患难之中见真情，真朋友与你同舟共济，而假朋友则东躲西逃。

我从人性的其他方面的一些有趣的知识中了解到，一个人的性格可以通过他身边的人的性格来非常准确地判断。"物以类聚，人以群分"这句古老的格言蕴含着可靠的哲学思想。

在整个宇宙中,这条吸引力法则不断地把那些性质类似的东西吸引到一个中心上来。一位大侦探曾经告诉我,这条吸引力法则是他追捕那些被指控违法的人的重要理论基础。

我的经验告诉我,如果一个人抱怨缺乏事业上成功的机会,而不是从他自己身上找原因,那么他很难在"最有影响力的人排行榜"中找到自己的名字。

成功的机会是每个人都必须为自己创造的。没有一定程度的斗志,一个人不可能在这个世界上取得很大的成就,也不可能获得别人非常渴望的东西;没有斗志,一个人很容易贫穷、苦难和失败。

我的经验告诉我,一个孩子所承受的任何负担都不会比挥霍财富所带来的负担更重,遭受的苦难更大。对历史的仔细分析表明,大多数公众和人类的伟大公仆都是出身贫苦的人。

在我看来,对一个人真正的考验是给他数量极大的财富,看看他如何使用这些财富。财富剥夺了人们从事建设性、有用的工作的动力,这对那些挥霍财富的人来说是一种苦难。一个人须要提防的不是贫穷,而是财富及伴随其产生的影响,无论是好是坏。

我认为我生来贫穷是非常幸运的,而在我长大以后,我与富人们有相当密切的联系,因此我很客观地体验了这两种相差甚远的社会群体给人的感受。我知道只要我面临着日常所需的缺乏,我就不须要太过小心谨慎,但是如果我能获得巨额财富,对我来说就应该谨慎些,并让自己意识到这并没有剥夺我为我的同胞们服务的欲望,认识到这一点至关重要。

我的经验告诉我,一个正常人通过大脑的帮助,可以完成人类可能完成的任何事情。人类大脑所能做的最伟大的事情就是想象!所谓天才,只不过是通过想象在头脑中创造了某种确定的东西,然后通过身体的行动将其转化为现实的人。

> 当一个人全身心地投入工作并尽了最大努力时,他就会感到轻松愉快;反之,他所说的,所做的,都不会给他宁静。
>
> ——爱默生

这是我在过去的 36 年中所学到的道理。但是,我所学到的最伟大的道理,是历代所有哲人们告诉我们的一条古老真理:幸福不是通过拥有财富获得的,而是从为别人提供有价值的服务中获得的!

这是一条只有通过自己亲自发现后才能领会的真理!

也许有许多方法可以让我找到比编辑这本小杂志所得到的回报更大的工作,但坦率地说,我还没有发现,我也不指望发现。

我所能想到的唯一能给我带来比现在更多的幸福的事情,就是通过这个棕色封面的、传递快乐和热情的小使者[1]为更多的人服务。

我认为我生命中最幸福的时刻发生在几周前,当时我正在得克萨斯州达拉斯的一家商店里买东西。为我服务的是一位很友善、健谈、善于思考的年轻人。他告诉我商店里发生的一切:他告诉我,那天他的经理让所有的下属都非常高兴,因为经理承诺为他们成立一个黄金法则心理学俱乐部,并订阅《希尔的黄金法则》杂志。他的话语带着对商店的赞美。

(他不知道我是谁。)

这自然引起了我的兴趣,所以我问他拿破仑·希尔是谁,他刚才在谈论谁。他带着一种奇怪的表情看着我,回答说:"你的意思是说你从来没有听说过拿破仑·希尔?"我承认这个名字的确听起来很熟悉,但我问这个年轻人是什么促使他的经理为每个员工订阅一年的《希尔的黄金法则》

---

1  指作者创办的杂志《希尔的黄金法则》。

杂志。他说："因为有一期杂志把我们这里一个不高兴的人，转化成了这个商店里最好的员工之一。所以经理说，如果那本杂志有这么大的作用，他希望我们所有人都读到它。"

我与那个年轻人握手，并告诉他我是谁。我很快乐，并不是因为自己的虚荣心，而是因为这样一个事实：当一个人发现他的工作能给别人带来幸福时，就会在更深的感情层面上感到快乐。

这是一种幸福，它改变了人类普遍的自私性情，并将人类的动物本能与人类的直觉分离开来。

我一直认为一个人应该培养自信，而且，他应该去影响更多的人。假如我有和《星期六晚邮报》一样多的读者，那么我就可以每月通过这本小杂志为他们服务，而且我可以在未来 5 年内影响更多的人，让他们以黄金法则作为处世的基础目标，这比过去 10 年所有其他报纸和杂志所做的加起来还要多。

12 月的《希尔的黄金法则》出版了，这标志着我们的第一年工作结束了，通过这些期刊我们播下的种子在这 12 个月里开始发芽，在美国、加拿大和其他一些国家生长，一些当今最伟大的哲学家、教师和商人不仅承诺给予我们精神上的支持，而且确实走出去支持我们了，为我们吸引订阅者，目的是帮助、促进我们所宣扬的善道的传播。当我告诉读者们这些事实后，我知道这不会被视为无聊的夸耀。

许多人比我拥有更多的世间财富,但我不怕挑战他们所有人,因为我将向他们展示出比我因工作而享受到的更多的幸福。

当然,这可能只是一个无关紧要的事,但对我来说,这是相当重要的。因为,我所获得的最深层的幸福,都是从我出版这本杂志后得到的。

"种瓜得瓜,种豆得豆。"

是的,它是一种始终可靠有效的哲学。而且我30多年的经验最终证明了这一点。

大约15年前,当我第一次萌发了创办一本杂志的想法时,我打算痛斥一切不好的东西,严厉批评我不喜欢的东西。

除非你有很强的自制力,否则你永远不可能成为一位伟大的领导者或对正义的事业有影响力的人。

在你能以任何身份为你的同胞提供重要的服务之前,你必须克服人类常见的愤怒、狭隘和愤世嫉俗的性情。

当你允许别人惹你生气的时候,你就是在允许那个人控制你,把你拉低到他的水平。

为了培养自控力,你必须灵活而系统地运用黄金法则,你必须养成原谅那些让你生气的人的习惯。

狭隘和自私是自制力的最差的搭档。当你试图把这些品质放在一起时,它们总是起冲突。

其中一个必须被淘汰。

精明的律师在盘问证人时，通常做的第一件事就是使证人生气，从而使他失去自制力。

愤怒是一种冲动的状态！

心智健全的人是一个不容易生气的人。他在任何情况下都保持平心静气与从容不迫。

这样的人可以在所有正当的事业中取得成功！要控制环境，首先要控制自我！一个自制力很强的人绝不会诽谤他的邻居。他习惯于增进友谊而不是诋毁诽谤。你是个有自制力的人吗？如果不是，你为什么不培养这种伟大的品质呢？

# 超额完成工作

成功之路上的第八个指示牌是超额完成工作。

以下是埃德温·C.巴恩斯的故事。15年前,他乘坐一趟货运列车来到新泽西州奥兰治,从托马斯·爱迪生那里得到了一份工作。

这本杂志的编辑与埃德温·C.巴恩斯非常熟悉,因此他有资格对巴恩斯先生克服贫困的那些品质进行真实描写,并描述他如何在相对较短的时间内上升到受人尊敬的职位。

10年前,我走进埃德温·C.巴恩斯位于芝加哥的办公室,问了一个简单的问题,但巴恩斯先生对这个问题的主题一点也不感兴趣。

我碰巧在巴恩斯先生经过他办公室的等候室时遇到了他。

即使我活到150岁,我也不会忘记他停下来详细回答我的问题时的那种态度。

我想知道爱迪生先生的工厂是否会为我生产一套唱片,我想在我讲授的公共演讲课上使用这些唱片。

巴恩斯先生说爱迪生先生的工厂不制造这种特殊的唱

片，但是，他推荐我去找其他人寻求帮助。所以，他戴上帽子，让我坐上他的汽车，带我去看数公里之外的一个竞争对手的工厂，这个工厂在城市的另一个区。

这种行为丝毫不会给巴恩斯先生带来商业上的好处，这一点他是很清楚的。因此，我们有理由认为，他向我提供这种服务，只是因为他的本性是在任何可能的地方，为任何可能的人提供服务，而不顾他本人的直接或最终的回报。

巴恩斯先生的彬彬有礼自然引起了我的注意。我开始研究他，因为我相信他值得效仿。我注意到他的办公室里洋溢着真挚热情的气氛。我看到他的每一位销售人员、速记员和其他所有人都表现出乐于在那里工作的样子。

那是10年前的事了。我冒昧地建议你，如果你今天走进巴恩斯先生在芝加哥、圣路易斯或纽约的任何一个办公室，请求帮助，你会得到与我10年前得到的同样的印象。也就是说，在他的办公室里，你受到了恩惠，因为那些赐予你恩惠的人认为这样做是对的。

巴恩斯先生赢得了托马斯·爱迪生的信任，并让爱迪生先生给了他一份工作。如果我没记错的话，工资是每周不到25美元。不久之后，他赢得了爱迪生先生更高的信任，并为芝加哥市争取到了留声机的代理权。我不知道他吸引爱迪生先生的具体方法，但是，我相信所有认识爱迪生先生的人会完全同意，他取胜的原因只是他提供了比实际工资更多和更好的服务。我敢肯定，一开始他在工作时间和工资问题上没有斤斤计较，而且他在工作上投入的时间肯定比他合同上约定要投入的时间多出很多。

从一开始，巴恩斯先生就采取了这样的策略：从不在不需要留声机的地方销售，也不向那些不需要更多这种机器的客户销售。有时候，他的销售人员急于提高销售业绩，会说服客户过度消费。巴恩斯先生总是仔细查找这类交易，发现错误，在这类交易给销售人员和他的公司造成恶劣影响前，给销售人员一个机会去取消这笔交易。

巴恩斯先生个性鲜明，待人友好，性情随和，热情好客，他天生是个能干的销售人员，但是，如果他不努力提供比他的合同上规定的更多更好的服务，他绝不可能取得今天的成功。对他来说，这似乎都是自然而然的，是他性格的一部分。

巴恩斯的生意起初并不容易做。在15年前，留声机还是一种新鲜事物，销售它们需要最高层次的推销技巧，而在售出后还要让人们学会使用它们。事实上，这些机器节省了速记员一半的时间，但就像地球上的其他所有新发明一样，从蒸汽轮船到飞机，人们"必须被引导去使用这些发明"。

埃德温·C.巴恩斯把在新泽西州奥兰治的托马斯·爱迪生的工厂里生产的所有留声机全部都卖出去了。当我想起他时，我不禁联想起几年前，我在芝加哥采访了七位贫困潦倒的人，其中一位是耶鲁大学毕业生。

他们每个人都在抱怨"这个世界不给我机会"。在进行这些采访时，我想起了巴恩斯，我在想，这个世界是否给了他比这七位更好的机会？而他们却把自己的失败归咎于这个世界。他对进入奥兰治并没有过分自我炫耀。他坐着"铁闷罐火车"去了那里，找到了爱迪生先生，让他倾听，并有机会向爱迪生先生证明，他不相信这个世界会一直"欠"他一条活路。

巴恩斯先生的故事和所有其他成功人士的故事类似。他先提供服务，然后收钱。他没有坐等世界给他一条活路，而是走出去，为世界提供服务，这也给他带来了财富，而此时他还是个相对年轻的人。

我不知道巴恩斯先生的身价有多高，但也相当可观。他住在佛罗里达州，在那里他一年中的大部分时间都过得很舒适，其余时间用来拜访他的业务伙伴们，他们仍然在芝加哥、圣路易斯和纽约从事留声机的销售。

几天前发生了一件有趣的事情，这让我们从侧面认识了巴恩斯的做事方式。我从芝加哥来到我们在纽约的办公室，但在半路上我顺道拜访了巴恩斯先生位于百老汇的办公室。我随身带着手提包。因为我是来纽约长住的，所以我要出去找一个固定的住所，就把我的手提包留在他的办公室里了。我正要离开时，他给我打电话说："我们办公室6点钟关门。如果你到时候没回来，我就把你的包送到你住的旅馆去，只是你要打电话告诉我你在哪里住。"

他说到做到。想想看——他这样一位拥有财富、地位和成功的人，主动提出帮我把手提包送过来！这证明了这样一种理论：在我们中间，谁想成为伟大的人，首先必须做最好的服务。本着正确的精神提供服务，必然会提升提供服务的人的层次。两千年前的伟人这么说过，每个成功的人都能这么说。巴恩斯之所以成功，是因为他能出色地服务。他并不害怕冒各种风险或做其他任何必须做的事情，目的是在承担困难的重大任务时展示他的主动性。

最近，在托马斯·爱迪生公司的一次会议上，巴恩斯先生和100多名爱迪生公司的代表出席了会议。其间发生的一件事让我们见识了巴恩斯和爱迪生都有有趣的一面。

这位"奇才"刚刚被授予一面丝绸的纪念旗帜。报告演讲是由费城的乔治·M.奥斯汀做的。然而轮到爱迪生先生做回应时，却改由他的儿子查尔斯·爱迪生读他的演讲稿。当他儿子在读演讲稿的时候，爱迪生先生脱下他右脚的鞋子，拿起一把折叠刀，切下了一块从鞋底垂下来的皮革。

看着发明家的人群愣了一下，然后爆发出哄堂大笑。

发明家也笑了，他说："打倒奸商。"

"我去纽约买一双鞋，发现他们要价17美元到18美元。我走到科特兰街，在一个地下室里发现了许多鞋子。我看中了一双，花了 6 美元买了下来。我穿这双鞋已经快一年了。"

站在爱迪生旁边的是埃德温·C. 巴恩斯，他是纽约、芝加哥和圣路易斯分部的负责人。

爱迪生指着巴恩斯说："巴恩斯不会那样做的。他会去百老汇，花 17 美元或 18 美元买一双。"

"是的，但是我会穿三四年。"巴恩斯说。

"巴恩斯花 6 到 7 美元买了一顶帽子，"爱迪生说，"而我会去纽约或纽瓦克，花 2.75 美元买一顶。"

接着，爱迪生拿出几张黄色的纸条，说他每天晚上都把自己打算做的事情列出来。今天的列表上有 57 个他要处理的不同事项。

爱迪生先生说："如果每个人都尝试这种做法，坚持 6 个月，他们将惊奇地发现 10 个小时内能完成很多事情。"

巴恩斯拥有财富、成功和几十位朋友，从西奥多·罗斯福这样的前总统，到拿破仑·希尔这样的人物，无论谁想见他，他都一视同仁，平易近人，甚至连他的一个私人秘书也没有站在他办公室的门口和接待室之间。他的秘书忙着处理更重要的事情，而不是阻拦想见巴恩斯先生的人。他的想法是，如果有人来他的办公室拜访他，这个人这样做是对他的尊重。因此，无论需要什么，他都会像一位优秀的运动员一样好，给那个人一个解释说明的机会。

每当我想到巴恩斯，我就会想到美国参议院。他正是我们在华盛顿需要的那种人。他更愿意提供服务，而不是被服务。如果佛罗里达人民足够幸运地让他接受参议员的职位，他们将为此祝贺。因为，假如他来到华盛顿，他一定是一位好公仆。

我相信，参议院完全有能力再吸纳几位真正的公仆，像巴恩斯先生这样有经商才能、为人正直、无可指责的人。在我看来，如果我们在参议院多一些成功的商人，少一些专业的、去那里的唯一目的是换取政治好处的政客，这对人民的利益绝对不会有任何损害。

巴恩斯就是这样一个人。他有这个能力，他的个性使任何人都能感觉到他的存在。他在须要斗争的地方有做斗争的勇气，在用交易要好于斗争的地方用交际手段去交易。佛罗里达的公民，我们推荐埃德温·C.巴恩斯，他来自佛罗里达州布雷登顿市。并且提议，如果你们同意让他成为美国参议员，为你们服务，你们将十分幸运，因为他会像曾为托马斯·爱迪生服务那样为你们服务。

如果我没有搞错，我们只能通过一种合理的法则来推销个人服务，那就是报酬与所提供的服务的质量和数量成比例的法则。

一个人在机床岗位上工作，每天获得5美元。他做那份工作已经好几年了。另一个人来了，操作旁边的机床。

他干那个工作才几天。他做的是完全一样的工作，但他比在那里工作了几年的那个人多完成了四分之一的工作。

哪个人应该得到最高的工资？

答案很明显！雇员工龄长短与他应该得到的工资不完全相关。如果完全相关的话，我的办公室所在大楼的老看门人将比大楼的主管得到更多的工资，因为他在这里工作了10年，而主管工作了还不到6个月。

在推销你的个人服务时，有一件重要的事你要记住，那就是：你的工作效率和你对雇主的价值可以非常准确地由你需要的监督的程度来决定。如果你只需要很少的监督，你应该是非常有效率的。如果你根本不需要监督，你可能已经达到了你所做的工作的最高效率，因此，下一步你就可以承担责任更大的工作了。

你最好明白，在你准备好承担重大责任之前，你不太容易从你的服务中得到很多报酬。高薪通常是被支付给那些能够高效地和令人满意地承担责任及领导他人的人。

一个人仅靠自己的双手是不可能一年挣25000美元的，但如果他能领导成千上万的人，帮助他们提高工作效率和劳动能力，他一年创造的价值可能是这个数字的4倍。

从成百上千的普通劳动者行列中脱颖而出，担任有重大责任的管理者的两大主要素质是：

第一，有能力并且愿意承担重大责任；

第二，通过聪明地指导他人努力工作，帮助他人更有效率地工作的能力。

这不仅是一个理想主义的公理——我们付出什么就得到什么！这也是所有成功人士总结的真理。不管是在很少或没有监督的情况下自我管理完成工作的人，还是帮助他人聪明地努力工作，从出售个人服务中获得最大收益的人，总之，是那些为自己的雇主付出最多的人。

寻求更高职位的人并不是那些能亲手处理最多工作细节的人，而是那些有能力，让别人来处理工作细节的人。如果你的目标是获得一份"更高层次"的工作，那么现在就开始教别人如何处理你目前工作中的细节，这对你不是很好吗？

如果你已经在同样的职位上很长一段时间了，你的薪水却一直没有涨，很可能是由于你没有寻求承担更大的责任的机会，也很有可能，你现在需要很多的监督，和你过去需要的一样多。如果明白这两点，它们可以成为你的路标。你可以用它们非常精确地衡量自己。

除非你把自己的效率提高到很高的水平，否则你不具备承担更大责任的能力。这是领导和指导其他员工的条件。很有可能你无法让别人做得比你更多，或者做得比你更好。所以，你必须自己做出表率！

领导能力是在为别人树立好榜样的基础上发展起来的。

当你开始在工作的质量和数量上领先你的同事时，你将走上一条通往更重要的工作、更高的薪水以及更大的责任的道路。

发怒永远解决不了困难，冲突从来也不会永久地解决困难。一方可能会被威力制伏，但不高兴的感觉仍将存在；愤怒之火虽然沉睡，但是一有机会就会爆发。让我们以黄金法则为指导，消除所有导致敌意的因素，所有冲突将会停止，人类将携手合作，完成自己的工作，并获得应得的回报。

我们从没听说过某个人一蹴而就地被安排在一个重要管理职位上，但是我们可以说出数百名逐步晋升到重要职位上的高管的名字，他们一步一步地提高自己的工作效率，提高工作的质量和数量。

当我敦促你必须做比实际报酬更多更好的工作时，并不是出于理想主义的原因，而是因为我知道这一法则对你来说是一件好事。这是合算的，因为它会自然而然地吸引与你共事的所有人的善意与合作，包括你的雇主。如果没有引起你现在雇主的注意（虽然很可能会），那么这会吸引一些其他雇主来找你，给你提供一份更重要、更好的工作。

如果我没弄错的话，世界上推销个人服务的最佳方式是让雇主看到你比普通工人做得好。当雇主追求你时，你尽可放心，你将能够获得比原来更高的薪水，但你也要明白，引起雇主追求你的唯一途径是你完成高于平均数量和质量的工作。

本文标题表达的内容适用于那些在不重要的工作岗位上工作，但想要在同一位雇主那里得到一份更重要的工作的人，也适用于那些想换一位雇主的人们。

我羡慕那些有良好判断力的人，因为良好的判断力能够让他明白，完成更多更好的工作，尽自己最大的能力承担责任，而不是把责任推给别人是有回报的。我羡慕他，因为他是万里挑一的人。这就是为什么他在他的行业中处于顶层而不是底层的原因。这就是他拿薪金而不是"工钱"的原因。这就是他被安排去管理别人的原因。

在我旁边的办公室里，有一位年轻人担任杂志的业务经理。当他来这里求职时，没有问那些愚蠢的问题，比如："这份工作的工资是多少？""工作时间是几点到几点？""这份工作有发展潜力吗？""我什么时候能加薪？""这份工作有夜班吗？"

没有，他没有问这些问题！

他告诉我他对这本杂志实际上了解多少，这使我大吃一惊，尽管这本杂志的第一期只在报摊上销售了一天。他说他是来为《希尔的黄金法则》工作的，是来得到他追求的东西的，除非我把他赶出办公室。他使我相信他想要那份工作，因为他热爱这本杂志背后的工作。

他没有问我多久后会给他配一个助手，而是问："我首先应该做什么？"

他的名字叫W.H.希金。

我不希望你们在办公室周围"窥探"，试图把他从我身边挖走。哎呀，你会想要他的，但是等一下——他今年的收入可能会远远超过1万美元！

是的，他是值这个薪水的，正如他愿意接受这个薪水，我愿意把这个薪水付给他。我就像所有雇主一样——我希望得到最好的服务，我愿意为我的任何一位员工所能提供的一切服务支付报酬。我可能愿意支付比他们实际工作量更多的钱，但出于经济原因，我不可能无限期地维持下去。没有人能够用不是从他的企业中赚来的钱支付工资和薪水，并无限期地维持下去。除非经常补充，否则泉水很快就干涸了。

如果你觉得你的雇主应该付给比你现在得到的更多的钱，那么只有一个合理的理由，那就是首先改变你的工作性质，从而为你的雇主带来更大的回报。

例如，也许你是一个记账员，你不明白怎样才能提供数量更多或质量更好的服务。事实上你目前就在长时间地工作，而且你在做你知道如何完成得更好的工作。

你做什么能使你有资格得到比你目前得到的更多的薪水？

有十几种方向不同的路线，任何一种都可以回答这个问题。但是尝试遵循十几种方向不同的路线就等于不遵循任何路线。你真正想要的仅仅是一种。

你是那个记账员。你编制每月的对账单，然后邮寄出去。你能不能建立一个托收系统，使这些账户一到期就能打来现金？如果你能做到这一点，难道你的雇主不乐意按照你取得的业绩付给你报酬吗？

你可以主动做更多的工作来扩大你的职责范围，而不仅是记账。你可以在不降低记账效率的情况下做到这一点。制作一系列的催款信，既可以为你的雇主创造良好的信誉，也可以收取应得的钱。

大多数的优秀员工都能在别人告诉自己该怎么做时做好某些事情，但给你发薪酬的人想要的是这样一个人：他能看到应该做什么，并在没有人告诉他的情况下就去做。

供求规律决定了一个普通记账员可以获得平均工资。为了得到更多，他必须提供一些一般记账员通常不提供的服务。

这种做比实际报酬更多更好工作的做法，并不是感情用事，是合理的职场惯例。当然，如果你带着愉快、热情的情绪工作，你会更容易吸引人。

如果你养成一种吸引人的、讨人喜欢的性格，并养成做比实际报酬更多更好工作的习惯，你就会更容易取得巨大成功。事实上，讨人喜欢的性格是在任何为他人服务的工作中取得成功的必要条件。

# 吸引力

成功道路上的第九个指示牌是吸引力。

我很同情那个在街上找工作的人。这是一个人做的最令人沮丧的事情。我真诚地希望,我能联系到世界上每一个失业的男人和女人,把通往他们准备担任的任何职位的万能钥匙交给他们。

我要告诉你,这把钥匙是什么,我将用一位《希尔的黄金法则》的读者的故事告诉你。他有一天来拜访我。那时候他失业了。他拜访了10多家公司,但都被拒绝了。

我请他确切地告诉我他求职时说了些什么。他说,他只是走进去,问是否有空缺的职位。在收到答复之前,他说他失业了,愿意接受任何合理的薪水,从最低职位做起。

他一申请就被拒之门外。

原因很明显。我想给他些建议。

首先,我让他站起来,这样我就可以像面试他的那个人那样仔细打量他的全身。他穿了一双鞋跟快要磨光了的鞋子。他戴了一顶棒球帽。他的衣服还算合身。

我给他的建议是,出去找个鞋匠帮你修好鞋跟。这会给你一种更自信的感觉,那是一种你需要的东西。给自己买一顶合适的帽子,然后扔掉那顶棒球帽。这会让你觉得自己是一个男人,而不是一个男孩,这会给你一个你需要的端庄的外表。

准确地决定你希望得到什么职位和你希望为之工作的公司。走出去,尽你所能地了解这家公司,并准备好给出一些充分的理由,说明你为什么相信自己能胜任这份工作。

然后去那家公司说:"我已经决定接受贵公司的一个职位。您不知道,但这就是我在这里的目的。我想要一份能给您带来利润的工作,我知道我能胜任它。如果您能告诉我在哪儿能找到一个挂帽子和外套的挂钩,我现在就可以去工作了。哦,是的,工资!假设我们忘记了这件事,直到您看到我已经工作了一个星期。如果您觉得我帮您赚到了钱,就请您把工资放进我的工资袋里。"

他听从了我的建议。不到两个小时,他就回到了我的办公室。他的鞋跟修好了,他的头发打理过了,他带着微笑。我宣布他已经做好了尝试找工作的准备。他走了,然后不到一个小时,他就打电话告诉我他在新岗位上工作了。

关于成功是什么有不同的观点,但是不管是财富的积累还是对人类的巨大贡献,或者两者兼而有之,如果你不制订明确的计划,你不可能实现它。

在过去的10年里,我估计我已经把这个建议传授给了100多人。在每一个案例中,就我所知道的结果而言,它都成功地起了作用。

企业界寻找的是这样一个人：他对自己有足够的信心。99%的人会谈判、争论，并尽一切可能说服未来的雇主以尽可能高的薪水雇用他。

判断个人服务的价值的真正依据只有一个，那就是：一个人有权根据他提供的服务的质量和数量获得相应的报酬。他的经验、年龄、能力、地位都与他应该得到的薪水关系不大，只有他提供的服务才是最重要的。

你不必害怕那个与你有竞争的人说："没有报酬，所以我不会去做那些工作。"他永远不会成为你工作的危险竞争对手，但要关注那些在他的工作完成之前一直坐在办公桌或工作台前的人——这样的人不会在表面上挑战你，却会在暗中超越你。

在今天这样的繁荣时期，没有任何理由让一个人因为失业而流落街头。利用这一计划，无论是通过个人申请还是通过信件，任何需要你提供的服务的人都非常愿意试用你。

你想要的只是一个试用期。如果你做得不好，无论你是按照这个计划去工作的，还是按照商定的薪水去工作的，你都将被列入解雇名单。

许多有能力的人在申请一个职位时都被这个问题难住了："你有什么工作经验？"现在他可能没有太多的经验，

但在他的内心深处，他知道他可以胜任并做好这项工作。碍于面子，他不得不如实回答，但这通常意味着面试就此结束。

现在，如果你遇到这种情况，假设你说："现在你看——难道你不相信我的一件作品比我对自己的任何评价都能更好地回答你的问题吗？当然，我对自己的看法也是有偏见的，但是如果你给我一个地方挂我的帽子和外套，我马上就能开始工作，给你展示我能做什么，完全靠我自己，如果你不喜欢我的工作，一分钱也不用付给我。"

事情到此结束。大多数人都会给你机会。

如果你怀疑这个计划是否可行，你可以试一试，让自己相信它会奏效。写十几封信发给尽可能多的公司。我会告诉你如何写第一段，而这封信的其余部分也不会有太大的区别。按以下格式去写：

> 我已经下定决心要为你工作了，而我所拥有的品质之一就是斗犬般的执着，无论我追求什么，都要坚持得到它。我想要的职位是……我的薪水一开始是零，而且会一直保持在这个数字，直到我让自己变得对你有价值，让你愿意留住我，并根据我的工作质量和数量付给我相应的薪水。

上述内容是你信件开头所应注明的全部内容。它会带来结果的。如果你仔细挑选收信人的话，在12封信件中，有6封信会被接收的。

当然，在信的最后几段，你要提供关于你自己的充足信息，并说明为什么认为你能胜任寻求的职位，并提供推荐信等。这将节省时间，而且会消除无效的通信。

12年前，一列货运火车驶进新泽西州的奥兰治，车上有一位乘客既没有通行证，也没有车票。他去新泽西州的那个城市是为了一个特殊的目的，那就是从托马斯·爱迪生那里谋求一份工作。

他得到了他追求的东西！他的名字叫埃德温·C.巴恩斯。他的起薪是每周25美元，但这个工资没过多久就涨高了。老爱迪生亲眼看到巴恩斯身上有一种令人满意的品质，他不仅成为一个部门经理，而且是爱迪生工厂的一个部门的合伙人。

这种品质正是我在《希尔的黄金法则》杂志一月份那期的第一版的文章中所提到的——超额完成工作。

埃德温·C.巴恩斯是我的密友，他是我非常钦佩的一个朋友，但这并不是专栏中提到巴恩斯先生的原因。之所以提到他，是因为他是一个活生生的例子，说明超额完成工作的策略是正确的。

当巴恩斯先生从把他带到城里的"铁闷罐火车"中走出来，向爱迪生毛遂自荐时，那里没有空缺职位。他在面试中对爱迪生说的一些话差点使他失去了成为世界上最伟大的科学家和发明家的伙伴的机会，但事实证明，正是这番话让他得到了试用的机会。在谈话中，他对爱迪生先生这样说："你知道我不需要工作。"就在爱迪生先生打开门让他出去的时候，巴恩斯说："我可能会饿死。"这让爱迪生开心地看到一个能在饿肚子时还开这种玩笑的人，在肚子饱的时候可能会成为一名相当不错的工人，因此他毫不犹豫地雇用了他。

我不知道巴恩斯先生的个人收入是多少，但我知道他给爱迪生公司带来的利润至少也有10万美元。这是他12年服务的回报。他不如一些人做得好，但他比大多数人做得好得多。

巴恩斯先生雇用了几十个销售人员来销售留声机。他有一种观念，除非顾客需要，任何销售人员都不应该出售机器。

当一个留声机被安装好后，巴恩斯是否会与老爱迪生在机器上分享利润，然后马上忘记这笔交易？

他绝对不会！

他的想法是，一台留声机只有能令人满意，才能被出售。每个月巴恩斯都会派一个人去调查每一个正在使用的留声机，看看它们是否正在为客户提供令人满意的服务。

市场上还有其他品牌的留声机——可能和留声机一样

好——但据我所知，只有"爱迪生式服务"是和他们的留声机一起销售的。

作为合伙人，巴恩斯先生只在3个城市工作过——芝加哥、纽约和圣路易斯。在美国，有十几个城市在等待像埃德温·C.巴恩斯这样的人去拓展市场，成为托马斯·爱迪生的合作伙伴，就像巴恩斯在这3个城市所做的那样。

货运列车仍旧驶入奥兰治。爱迪生先生仍在那里做生意。如果你真正相信超额完成工作的法则，并且愿意以巴恩斯的方式开始，你就可以成为爱迪生的一个合作伙伴。

也许你不愿意进入巴恩斯先生所从事的行业，而愿意去施瓦布所从事的钢铁业、洛克菲勒所从事的石油业或者摩根所从事的银行业。只要你下定决心，你可以进入这些伟大的企业中的任何一个。

你现在的工作很有可能与这些工作中的任何一个一样有很大的发展潜力。你不须要为爱迪生工作，就可以复制埃德温·C.巴恩斯的成功。销售留声机是最难的一种销售。很困难，是因为你必须让速记员相信，这台机器能让她的工作成果至少是不用它时的两倍，而且她的薪水可能最终会得到相应的上调。然后，你必须说服购买这台机器的人，这台机器不仅在一年的商业使用中不花他一分钱，而且它实际上为他节省了数倍于其成本的钱。

这两项任务都不容易完成。因此，你会发现停在原地更舒适。如果你的雇主碰巧没有爱迪生那么成功，也许这种情况会给你提供很大的机会。没有人告诉巴恩斯如何劝说爱迪生与他合伙，也没有人能告诉你如何劝说你的雇主这么做，但如果你下定决心去做，你就会去做，就像巴恩斯所做的那样。你会找到路的。

我和埃德温·C.巴恩斯很熟。相比许多工作表现不如他一般好的人，巴恩斯并不比他们更聪明或更有才能。他成功的秘诀不是高人一等的智商，不是吸引力，不是运气，而是一种习惯，即尽其所能去做所有有价值的工作，而不考虑他从中得到的报酬。

我第一次见到巴恩斯先生时，只是偶然相遇。我到他的办公室去打听一些消息，碰巧遇见他从办公室出来。他不仅给了我需要的信息，而且还开车带我去见一个比巴恩斯先生更了解我所需要的信息的人。他绕了很长一段弯路来给一个他以前从未见过，也可能永远不会再见到的人提供方便。

这就是巴恩斯的做事方式！这就是爱迪生喜欢他的原因。他用这种方式吸引了许多留声机的购买者，尽管要面对其他留声机销售人员的激烈竞争。

当一个人从巴恩斯那里购买留声机时，他知道买到的不仅是一个机械发明，还是一种无论以任何速度、在任何时间都能准确地做听写笔录的装置，而且他知道他得到了一种能大幅提高机器的价值的服务。无论你是在杂货店、煤矿还是其他地方,你都可以以这样一种方式提供服务,购买者会感觉到他从你那里得到了从其他人那里得不到的东西。

这种服务是人们会找你做他们未来的工头、部门经理、主管或业务伙伴的主要原因之一。

**你想要成功!**

我们都想要成功。那么,成功是什么?在我看来,成功就是一个人实现了人生的主要目标。成功可能是获得了金钱,也可能是获得了对人类有益的伟大事业的领导权。

> 一群烦恼匆匆飞过我身旁,因我鼓起勇气在此彷徨。
> 我说:"你们姗姗来迟、匆匆忙忙,这是要飞往何方?"
> 它们说:"我们要去找的人们黯然神伤。他们面对人生神情沮丧,软弱地作别希望。我们要去我们想去的地方。"
>
> ——比约什·戴伊

# 精确的思想

成功之路上的第十个指示牌是精确的思想。

要获得名望或积累一大笔财富需要你周围人的合作。一个人无论拥有什么职位，获得了多少财富，要想长久拥有这些，都必须得到他周围人的认同。

如果没有与邻居们的友好关系，你要获得名望，比飞到月球上去都难。至于手握大量财富，没有你周围人的认可也是不可能的，你不仅要抓住它，而且首先要通过别人认可的方式获得它，除非你通过继承获得地位和财富。

能否以合理合法的方式拥有金钱或地位取决于你吸引人们的程度。

因此，通向名望和财富的道路，或者其中之一，是直接通向人们的心灵的。

除了回报法则的运用之外，也许还有其他获得周围人善意的方法，但我还从未发现过。

通过回报法则，你可以诱导人们把你给他们的东西还给你。你不用猜测这一法则是否有效，这不是偶然的，也不是不确定的。

不要在意那些不按照这一法则作出反应的人。他也许只是例外。根据平均法则，绝大多数人都会完全无意识地作出反应。

这句话的意思是："一个爱发脾气的人每天会发现有十几个人惹他发脾气。如果你曾经爱发脾气的话，你就很容易认同这一点。"你不需要证据就能证明，一个面带微笑，经常对遇到的每一个人说好话的人是普遍受人喜欢的，而相反类型的人普遍不受欢迎。

人用思想塑造自己，正如雕刻家塑造黏土一样。想要成功，你就会成功——只要你想得足够努力、足够稳定、足够长久。

每一个存在于人类大脑中的想法都会吸引与其同类的想法，无论是破坏性的还是建设性的，善意的还是恶意的。你不能把你的思想集中在仇恨和厌恶上，而期望得到相反的结果，就像你不能期望一颗橡树的种子长成一棵白杨树一样。这根本不符合回报法则。

无论世界是否嘲笑你，都要认真对待自己。民众嘲笑自己所不理解的，讥笑自己所不能领会的。太多内心有天赋之火的人从不让它燃起，因为他们害怕众人的嘲笑。忘记别人对你的看法。重要的是正确地看待自己，拥有自信心。

在整个自然界中，以物质形式存在的一切都被吸引到一定的引力中心上。具有相似智力和气质的人互相吸引。

人的心灵只与其他和谐且有相似偏好的心灵形成亲密关系，因此你所吸引的人的类别将取决于你自己心灵的偏好。你可以控制这些偏好，并将它们引导到你选择的任何方向上，吸引任何你想吸引的人。

这是大自然的规律。它是一个永恒的法则，不管我们是否有意识地使用它，它都是起作用的。

理想和信念根植于一个孩子年轻、有可塑性的大脑中，很容易成为这个孩子的一部分，并伴随其一生。

给孩子的大脑中灌输一种理想是可能的，这种理想将指导孩子一生的行为。在孩子14岁之前，塑造他们的性格是可能的，以致他在以后的生活中几乎不可能摆脱这个性格的影响。

大脑就像一大块肥沃的田地，当一些种子被播种进去之后，一片庄稼会长出来；同样，当一个想法被灌输进大脑，并且牢牢地在那里停留，它最终将扎根和生长，而这种想法将影响人的行动。此外，就像野草会在未经耕耘的土壤中生长一样，破坏性的想法也会进入那些没有种下积极想法的人的大脑。

自然界有一条法则叫"物以类聚，人以群分"。这条法则很容易表现出来，比如，一个人能吸引一些能和谐共处的人。

人的大脑运行有其规律，正如流水有自己的规律一样，直到找到符合它的运行规律的事物，它才会开心。我们看到，这一点在一位有文学品位或有别的爱好的人的大脑中起作用：寻找志趣相投、互相认同的人。

这条法则就像万有引力定律一样永恒不变，万有引力定律使地球保持在其运行轨道上，并使宇宙中的每一颗行星保持在其应有的位置上。

时间是良药。如果你尝试过，但失败了，等一下！如果你对自己有信心，时间会让你的命运之轮再次转向成功。

如果你确切地知道如何成为你想成为的人，那么我将为这一法则的可靠性承担全部责任。它将起作用，所以你，甚至最没有经验且不相信这一法则的人，都可以适时地看到它起作用，时间从几小时到几个月不等。这取决于你集中注意力在你的任务上的程度，取决于你看到理想类型的图像或你正在构建的自我形象的清晰程度。

这就是我们讲的自我暗示！

它是一种既可以把你重新塑造，也可以把你塑造到状态更好的法则。通过这一法则，你可以消除沮丧、忧虑、恐惧、仇恨、愤怒、缺乏自制力，以及其他与充实、幸福、快乐相反的负面情绪或品质。这些情绪或品质就像没有被耕种的肥沃土地上冒出来的杂草。

这不是一时的风尚，它也不是一个错乱的、狂热的人的突发奇想。

# 专注

成功路上的第十一个指示牌是专注。

15年前,我第一次读到了乔治·巴尔·麦卡奇翁的《格劳斯塔克》。那天晚上我很早就开始读,读了一整夜。第二天早上,我还像睡过觉一样精神抖擞。我丝毫没有感到疲劳。此外,我把故事记得非常清楚,以致我今天都能把它讲出来,就像我在读完它之后第二天讲出来的一样。

在后来的几年里,当我学习法律的时候,我经常熬夜几个小时,并且尽量保持清醒。在那时,我每次读书,能忍耐的最长时间差不多就是两个小时。奇怪的是,第二天,我对所读到的东西几乎不记得了。

那么,这两种阅读的区别是什么?

它们的不同之处在于:在第一种情况里,故事是以一种引人入胜、有趣的方式被讲述的,这种方式使大脑接收所读到的一切;在第二种情况里,阅读枯燥无味,故事是被用不能与生活和行动产生共鸣的话语讲述的,因此里面没有任何东西能唤醒大脑,大脑没有准备好接收和记录所读到的东西。

如果你想成为你所在学校的模范教师,那就想办法通过游戏把学生的注意力引导到学习上来。把他们的注意力集中到学习上,他们就能在更短的时间内掌握知识,而且掌握的程度是在其他情况下不可能做到的。

如果你是监工,在你的监督下工作的有男工也有女工,想办法唤醒他们的大脑,让他们对手头的工作感兴趣,让他们热爱他们正在做的工作,你就会因你的工人们的效率而出名。通过竞争来激发兴趣,对于在最短时间内完成某项任务的那个工人或工组,给予奖励。这些奖励的形式可以是额外的奖金、晋升职位、休假、证书或者其他对于你管理的工人们来说合适的形式。

每个有能力的雇主都知道,给员工们一个干净、愉快的工作环境,不仅是慈善、感情用事或理想主义的问题,而且是完全明智的商业决定。

奶牛场的工人们都知道,如果把奶牛养在干净的牛栏里,不让苍蝇骚扰它们,奶牛就能产更多的奶。每位医生都知道,如果哺乳期的母亲一直处于担忧和焦虑的状态,无论她自己吃多少食物,她都不能很好地喂养好婴儿。

你不能一边想着痛苦、苦难、贫穷和疾病,一边想着繁荣、健康和幸福。

莎士比亚写道:"对你自己真诚,那么你就不能对任何人虚伪,必须遵从这一点,就像黑夜跟从白昼那样。"他的意思是说，如果我们听从自己良心的指引，就不会走错路。

以后男人和女人共同工作的地方都将配备适当的活动场地和锻炼设施，以便每隔几小时就能引导人的大脑进入一种和谐状态。人们将会有一段不工作的时间，用于玩耍、锻炼和休养。如果这样的话，人类的医院、监狱和精神病院的用处就会减弱。人的身体，就像火车的发动机一样，必须保养、休息和修理。你能否找到一种机器——能经受住长时间的摧残和缺乏保养而不崩溃？人类的身体也一样。

世界上一些有创造力的天才已经发现这对人类是有益的，用一些方法去人为地刺激人的大脑，可以使它变得更加机敏。我们要学会从消极的、破坏性的思想（如担心、恐惧、焦虑）切换到积极的、有创造性的思想（如勇敢、热情和快乐）。

如果一个教育工作者或其他人能够接受本文所介绍的方法，并将它们构建成一个系统，通过这个系统，人们可以把工作变成娱乐，那么我将在很短的时间内让这个人在世界上出名。这本杂志[1]的专栏是为每一个发明帮助人们克服谬误和迷信的方法的人准备的，这些谬误和迷信作为石器时代的遗物一直伴随着人类。

幸福是一种你不能买到、借到、乞求到的东西。你必

---

1　指《希尔的黄金法则》。——译者注

须在你自己的大脑中创造它,只有你开始研究你自己的大脑并理解它,你才能做到这一点。

开始研究大脑并用你的大脑创造奇迹的最好的方法,就是用我们已经提到的简单的那几条。当你亲眼看到,你从事你喜欢的工作时,会比从事你不喜欢的工作时多做一倍的工作,而且不那么疲劳。你会发现,找到一份你能全身心投入的工作是值得的,那是你喜欢的工作。你会发现,这一法则为雇主们提供了巨大的发展可能,因为他们可以通过运用这一法则,提高雇员们的效率,增加他们的生活乐趣,提高他们的赚钱能力。

**少说空话,多做实事!**
你不断地从你的日常环境中收集感觉来塑造你的性格,因此你可以按照你的想法塑造你的性格。如果你想锤炼得坚强一些,在你周围摆放那些你最崇拜的伟人们的照片;在房间的墙上挂一些积极肯定的格言;把你最喜欢的作家的书放在你经常能找到它们的桌子上,拿着铅笔读那些书,在给你带来最高尚思想的语句上做标记;用伟大、高尚、鼓舞人心的思想充实你的大脑,不久你就会开始看到你自己的性格将呈现出你为自己创造的环境的色调。

人的心灵是特征的组合体。它由喜欢与讨厌、乐观与悲观、仇恨与喜爱、建设性与破坏性、善良与残忍组成。一些人的心灵被一种特征支配，而另一些人的心灵则被另外一种特征支配。

支配性的特征很大程度上取决于一个人的环境、训练、伙伴，尤其是他自己的想法！任何持续存在于大脑中的想法，或任何通过专注而深思，并且停留在意识中的想法，往往会吸引人类大脑中与之最相似的特征。

一个想法就像埋在地里的一粒种子，它会繁衍生长。因此，让大脑保留任何破坏性的想法是危险的。这些想法迟早会通过身体行动寻求实施。

通过自我暗示法则保留在大脑中并被专心思考的想法将很快开始化为行动。

如果自我暗示法则在公立学校被广泛地理解和传授，它将在20年内改变整个世界的道德和经济水平。人类心灵的品质需要阳光的滋养，并利用它来维持生命。在整个自然界中，有一条关于利用的法则，适用于一切生物。这条法则规定，凡是没有被滋养或使用的生物体，都必然消亡，这也适用于我们所提到的人的心灵。

对于一个年幼、有可塑性的孩子来说，理解这一法则，并在人生的早期就开始运用它，难道没有价值吗？

自我暗示法则是应用心理学的主要基本法则之一。通过对这一法则的正确理解，并在作家、哲学家、教师的配合下，人类心灵的整体趋向可以在20年或更短的时间内朝着建设性的方向发展。

你打算怎么做？

就你个人而言，不是等待别人去沿着这条道路开始一场广泛的教育运动，而是从现在开始利用这一法则为你和你自己的利益服务，这难道不是一个好计划吗？

你的孩子可能没有足够的运气在学校里接受这种训练，但没有什么可以阻止你在家里给他们提供这种训练。

你可能很不走运，因为在你上学的时候，你从来没有机会学习和理解自我暗示法则，但是从现在开始，没有什么可以阻止你学习、理解和应用这条法则。

你会在这本杂志中找到连载发表的一门完整的应用心理学课程。它开始于一月份的那一期。回到最开始去读这门课程。它是用任何外行都能理解和运用的简单易懂的语言写成的。

学习一些脑科学知识，它是你真正的力量源泉。如果你想把自己从琐碎的烦恼和物质上的需求中解脱出来，那必将通过你那奇妙大脑的努力。

作者虽然现在还很年轻，但已从成千上万的案例中总结出积极的佐证，证明所有人都能够在非常短的时间内从失败走向成功，所用时间从几个小时到几个月不等。

你手里拿着的这本书就是个人能够走向成功这一论点

的可靠性的确凿证据，因为它是建立在 15 年的失败之上的成功！

如果你能理解并聪明地运用应用心理学的原理，你就能把过去的失败转化为成功。你可以去任何你想去的地方。一旦你掌握了这一法则，你就能立刻找到幸福，而且只要你遵守既定的经济学法则，你就能迅速获得经济上的成功。

人类的大脑中没有带有神秘主义的味道的东西。它的运作符合物理的、经济的规律和法则。你不需要世界上任何人帮助你操纵自己的大脑，以使它按照你的意愿运作。只要你总是行使自己的这项权利，而不是允许别人去替你行使，不管你在人生中的任何位置，你的大脑就是你可以控制的东西。

学习一些关于你的大脑的作用的知识。它会让你从恐惧中解脱出来，让你充满灵感和勇气。

# 坚持

成功之路上的第十二个指示牌是坚持。我们有了一个重要的发现——这个发现可以帮助你获得成功，无论你是谁，无论你的人生目标是什么。

有些人被认为是有天赋的，但真正带来成功的不是少许的天赋，也不是好运、影响力或者财富让人成功！

大多数巨大财富建立的真正基础，也就是帮助男人和女人在世界上获得名望和地位的东西，可以很容易地被描述为："它只是一种习惯，一开始就要有的习惯，先学会分辨什么该做，什么不该做。"

比如说，回顾一下你过去两年所经历的全部事情，我们发现了什么？

你或许有许多想法，开始了许多计划，但是没有一个完成的！

在本杂志连载的应用心理学系列课程中，你会发现有一节课解释了集中注意力的重要性，接着是为如何学习集中注意力提供了简单明了的信息。

你最好把那一课查一查，再学习一遍——带着新的想法去学习，学习如何完成你所承担的一切。

自从你能记事开始，你已经听过那句格言："拖延是时间的窃贼！"可是因为它像是一种说教，你根本没有在意它。

那句格言实际上是正确的！

任何事业，不论大小，不论重要与否，如果你只想着自己要实现的事情，然后坐下来等待其实现，而不经过耐心、艰苦的努力，是不可能成功的！

几乎每一个从一连串普通的同类企业中脱颖而出的企业，都意味着对一个明确的方案或法则的专注，而这种专注很少有变化。

联合雪茄商店的销售计划是建立在一个很简单的理念上的，但是这个理念是他们全力以赴努力的方向。

皮格利威格利零售商店多年来一直专注于一个明确的方案，方案本身不复杂，易于应用于其他行业。

雷氏药房是基于一个方案，通过专注的法则建立起来的。

福特汽车公司只不过是专注于一个简单的方案，这个方案就是以尽可能少的钱向公众提供一辆小型的、可使用的汽车，从而让购买者享受到批量生产的好处。这个方案在过去的12年里没有发生实质性的改变。

伟大的蒙哥马利·沃德公司和西尔斯·罗巴克公司的

邮购商店代表了世界上两个最大的销售企业，它们都是建立在简单的方案上的，让买方享受批量购买和销售的好处，这是让客户满意的策略，或者是让利给客户的策略。

这两个伟大的销售企业都是通过专注于一个明确方案，脱颖而出成为商界典范。

还有其他一些在商业销售上取得巨大成功的例子，它们都是建立在同样的法则之上的，采用一个明确的方案，然后坚持到底！

然而，作为这一法则的结果，就我们所能指出的每一项重大成功而言，我们都能找到一千个失败或接近失败的例子，因为他们没有采用明确的方案。

我写这篇文章之前几个小时正在跟一个男人谈话，他是个在很多方面有能力的聪明的商人，但他不成功的原因很简单，他有太多的考虑不成熟的想法，而在这些想法被公正地检验之前，就放弃了。

我给了他一个可能对他很有价值的建议，但是他马上回答说："哦，这个方法我想过好几次了，我开始尝试过一次，但是没有用。"

请特别注意这句话：

"我开始尝试过一次，但是没有用。"

看，这就是他的缺点所在。

《希尔的黄金法则》的读者，请记住这句话：成功的人不是仅仅"开始"做一件事情的人！而是那个开始做一件事情，并且不顾一切痛苦完成这件事情的人！

任何人都可以启动一项任务。所谓天才，就是要鼓起足够的勇气、自信和耐心去辛勤地完成他所启动的任务。

正如爱迪生经常告诉我们的那样，那些被认为是天才的人通常不是人们想象的那种类型的人——他只是一个工作努力的人，找到了一个合理的方案，然后坚持做下去了。

成功很少是接二连三的，或者是一蹴而就的。重大的成就通常意味着长期而耐心地工作。

记住那棵结实的橡树！它不会在一年、两年或三年内长成。长成一棵中等大小的橡树需要20年或更长的时间。有些树只用几年就会长得很粗，但它们的木材松软多孔，因此它们是短命的树。

一个人决定今年做皮鞋销售人员，后来他改变了主意，第二年去了农场工作，然后第三年又做人寿保险销售，这样他很容易在这三项工作上都失败。然而，如果他坚持用三年去做其中的一项工作，那么他可能已经取得了非常大的成功。

你看，我对我正在写的东西知道很多，因为这种同样的错误我犯了差不多15年。我觉得我有充分的经验提醒你一种可能会阻碍你成功的因素，因为我已经遭受了许多失败。我已经学会了如何在你身上识别它。

1月1日——下定决心的日子——即将到来。把这一天留给两件事情,那么你很可能会从中获益。

首先,为自己定下至少下一年的主要目标,最好是下一个五年的目标,然后逐字逐句地写下来。

其次,在主要目标框架里确定首要目标,读以下内容:"在接下来的一年里,为了成功,我将尽可能地完成我要执行的任务,善始善终,天底下的任何事情都不能干扰我完成我开始执行的每一项任务。"

几乎每个人都有足够的智慧在头脑中创造想法,但大多数人的问题是这些想法从来没有得到实践!

只有储存在蒸汽圆顶里的能量从节流阀里释放出来,火车机车才能有动力!否则,地球上最好的火车机车不值一文,也不会拉动一磅的物体。

你的头脑中有能量——每个正常人都有——但你没有通过行动的"油门"释放能量!你没有把专注的法则应用于那些一旦完成就会使你成为成功人士的任务。

我能确定,须要控烟是一个无可争辩的事实,香烟会使人的头脑变得不活跃!这足以让我们反对吸烟,因为任何妨碍一个人行动的事情,或阻碍通过集中精力于一项任务直到完成的事情,都是对他的幸福有害的。

通常情况下,一个人会释放储存在他头脑中与他所喜欢的任务相关的行动信号。这就是为什么一个人应该从事他最喜欢的工作的原因。

有一种方法可以诱使你那奇妙的大脑释放它的能量，并通过专注于一些有用的工作而将其付诸行动。继续寻找，直到你找到释放这种能量的最好方法。找到最容易、最愿意让你释放这种能量的工作，你就会离成功越来越近。

我有幸采访了许多所谓的伟人——那些被认为是"天才"的人——作为鼓励你们的一种手段，我想坦率地告诉你们，我在他们身上找不到普通人所没有的东西。他们就像我们一样，没有超常的智力，有些人智力更普通，然而他们拥有的，你和我也有但不经常使用的是付诸行动的能力，这种能力是存储在他们的头脑里的，并且被集中在一个或大或小的任务上，直到其完成。

不要期望在第一次尝试的时候就善于集中注意力。首先要学会把注意力集中在你做的小事情上，如削铅笔、包装包裹、填写地址等。

最好的方法，就是养成在你执行的每一项工作中都这样做的习惯，直到这已经成为一种定期的习惯，你会自然而然地去做，毫不费力。这时候，你会发现，工作将不再是枯燥的，而更像是一种美妙的艺术。

这对你来说有多重要？这是一个多么没用、愚蠢的问题，但听着，我们将这样回答：

它将带来成功！

# 从失败中学习

成功之路上的第十三个指示牌就是从失败中学习。

啊,那些被称为"失败者"的人,起来吧!从头再来!

行胜于言在某个地方没被重视,那是专为你留的空白。

在诚实人的编年史上,从来没有有关失败的记载,只有那些懦弱的人,他们失败了,不会再重来。

光荣在于行动,而不在于赢得奖牌;

暗无天日的墙垣,在阳光的亲吻下,会发出笑来。

啊,疲惫不堪,心灰意冷,啊,在命运无情的狂风中的小孩!

我为失败者唱歌,或许这会使他释怀。

——阿尔弗雷德·J.沃特豪斯

失败是不会长久的。每一次失败和挫折都可以变为成功牢固的基石。

失败教会我们宽容,失败教会我们坚持不懈。每一次失败都给我们上了重要的一课。

我有时认为，失败是大自然给人的磨炼过程，通过它，大自然让终将成功的人们为自己的责任做好准备。

如果你能挺过一次次的失败，而不是在失败面前一蹶不振，那么，你会在自己选择的人生事业中不断地攀登高峰。

有两种缺陷。一种是心理上的，另一种仅仅是身体上的。后者不会让我们太担心，因为那种人有一个强大、健全的大脑，即使这种大脑可能是未激活的和未开发的。

在我最近的演讲之旅中，我遇到了一位非常值得认识的人。我和他一起坐了几公里的汽车，聊了将近3个小时，才发现他双目失明。

他戴着一副墨镜，但言谈举止中并没有任何迹象显示他遭受了失明这样的苦难，而这种苦难属于身体上的缺陷。

这个人绝对没有智力缺陷。他是我听过的最流利的健谈者之一，他有一种罕见的能力，能谈论一些让人思考、分析，并做出综合评价的话题。

我提到的这个人是威莫尔·肯德尔。

肯德尔博士只有几岁时就失明了。几年前，他向芝加哥的西北大学提交了入学申请。当他说自己只花了35美元的路费时，他们惊奇地看着他，开始猜想他哪里有问题！

后来发现，他确实有问题。

遗憾的是，那所大学拒绝让他入学。他绕着街区走了一两圈，想出了一个计划，然后回来要求他们只给他3个月的试学期，如果他学不好，他们可以把他开除掉。

更多是出于同情，他们给了他试学期。当然，他们从来没有预料到他能学好功课并且坚持下来。

但是，他让他们出丑了！

他挺过了那个学期，坚持完成了接下来的学期，直到拿到学位。你猜他是如何支付上学费用的呢？

紧紧地抓住你的椅子扶手，做好受打击的准备。你们这些家伙，因为"没有给你们机会"而号哭、抱怨和责骂命运，而他通过记听课笔记，抄写笔记，把笔记卖给其他学生来获得报酬，资助自己的学业。

这里的一个永恒的道理是，我们中的一些人可以好好效仿他。如果我们有他的自信、决心、专注力和意志力，我们可能会实现人生的任何目标，而且我们实现这些目标的方式可能与他实现这些目标的方式一模一样！

以下这则新闻选自一份日报，它讲述了另一个一点也不妨碍成功的身体有缺陷的案例。

几年前，一名15岁的男孩在铜矿区被一列火车撞倒。他从医院出来时身无分文。他膝盖以下的腿没了。他的左臂也没了。他的右手只剩下半截残肢。除了救济院，他似乎没有别的地方可去。除了等着死后葬入公墓，他的人生没有什么前景可以期待。

昨天，明尼苏达州银行家协会主席、该州州长候选人迈克尔·J.道林先生讲述了这个男孩是如何逃脱去救济院和公墓的厄运的。因为道林先生就是那个从残疾男孩成长为成功人士的人。在拉萨尔酒店举行的午宴上，靠两条假腿支撑着身体，左衣袖里装着假胳膊，他向商业协会阐述了自己的人生哲学。

道林说："失去胳膊、腿或眼睛的人如果有机会使自己胜任一项他身体上的缺陷不会阻碍他执行的工作，他就能成为对社会有用的一员。这样的男人没有理由不结婚，他能成为一个幸福家庭的中心和支柱。任何心理健康、头脑健全的残疾人都没有理由不成功。"

我不知道有什么治疗方法。但是很多心智欠缺发展的人，如果能发现自己头脑中的潜能，就能成功。


如果你失去了一只或两只胳膊甚至失去了双腿和双臂，如果你没有失去对自己精神的控制，那么你在这个世界上还有很多事情可以做。

我坚定地支持这种观点：如果我的大脑完好无损，我的嘴可以自由地对着我的留声机说话，我就可以不用腿、胳膊，甚至不用眼睛也能过得很好。

一想到来自俄克拉荷马州劳顿市的肯德尔，我就感到无比羞愧。他没有用眼睛，却已经在世界上做了那么多的好事，并且还在继续做。在这个世界上，虽然我能充分利用我的眼睛和所有其他身体器官，我所取得的成就却没有多少。

当你想怜悯自己的时候，去看看像肯德尔那样的人，让他给你好好地打一针"兴奋剂"。

这对你有好处。

我们最常见的错误之一是找借口或编造托词来解释我们没有成功的原因。

你可以把所有的地方都找一遍，直到找到这个借口所在的正确的地方——在离你最近的镜子里，这就是问题所在。

去年，我们的员工中有一个人，对于他没有完成的所有工作，都有最好的理由。

他已经不在我们这里工作了！

如果你问他这方面的情况，他无疑会说他本人没有什么问题，他的烦恼是我们单位不欣赏像他这样的好人！

这需要一个勇敢的、高大的、有男子汉气概的、诚实的人——正视自己的脸说："我正在看着站在我和成功之间的那个家伙，让开，让我过去！""这样的人不多，但无论你在哪里找到这样的人，你都会发现他在做有价值的事情，他在建设性地、有效地为世界服务。"

指责别人造成了自己的失败和生活中的不幸也许会给人一定的满足感，但这种做法肯定不会改善一个人的生活处境。

我应该知道，因为我必须承认，在我的人生中，我已经试过多次了，结果发现这种做法是没用的！

我想起了一个非常亲密的朋友，他在商界和我的关系非常密切。我很了解他，因此很荣幸地告诉他我总结出的他的主要缺点，但到目前为止，唯一的结果是听他找我的缺点，以使其与我在他身上找到的每一个缺点对应。

也许他是对的，也许我比他的缺点更多，但是我想让本书的读者理解、记住和利用的重点是：这家伙能在我或其他人身上发现缺点，他将自生自灭，上升或堕落，这完全取决于他自己，除非他停止制造托词，转而正视自己，培养自己的性格，否则他将得到像所有托词制造者一样的结局！

我们都喜欢被奉承，但没有人喜欢听关于自己缺点的真话。听一点恭维话是很好的。它能激励我们去做更多的事情，但是太多的恭维话会使我们变得懒惰、不思进取。

当我使自己保持戒备状态的时候，我会变得更强大。我会锻炼我的战斗力，保持奋斗状态，这样当我需要奋斗的时候，我就会知道如何奋斗。

花时间在你不喜欢的人身上挑毛病对你没有什么好处，

在那些有足够勇气指出你的缺点的人身上，以及在那些人生之旅中远远超过你、功成名就的人身上挑毛病，也是没有好处的。他们有错误，这一点毫无疑问，但你花时间去证明他们有错误是在浪费时间，因为你得到的这个证明以后就没有用了。到目前为止，你最好把这些时间花在检查自己上，找出你为什么没有成功，消除那些已经被指出来的你的缺点。

你可能不会像享受那些宽容你、赞赏你的朋友们的掌声那样喜欢它，但从长远来看，它会给你带来更多的好处。

我又想起来了一件事，请大家花几分钟关注一下一个问题，这个问题在过去几年中给我留下了深刻印象。

我得出的结论是一个心胸坦荡的人能够得出的唯一结论。我已经查阅了许多证据，证明我将向你传授的法则是可靠的，因此我再次向你推荐这一法则，我认为它值得你认真考虑。

如果一块砖会说话，毫无疑问，当它被放在一个炽热的窑里时，它会抱怨。

然而，这个过程是必要的，这是为了给砖永久的质量，这将使其承受住自然力量的冲击。

职业拳击手在准备步入拳击场与对手交锋之前，必须先受到残酷的训练折磨。然而，如果他未能经受住这种训练折磨，没有为最后的战斗做好准备，他必定要付出失败的代价。

我的小儿子刚才摇摇晃晃地走进我的书房,眼里含着泪水。刚才他试着用两条颤抖的小腿保持平衡时重重地摔了一跤。他正在学习走路。如果他没有摔过很多跤并继续努力,他永远也学不会走路。

老鹰把巢筑在高高的树枝上、高低不平的悬崖峭壁上,在那里,任何动物都够不到它的雏鸟。但是,在采取了所有这些预防措施来保护它的雏鹰之后,一旦它相信雏鹰们已经准备好学习飞行时,它就会让它们面临另一种危险。它会把它们带到悬崖边,把它们推下悬崖,让它们飞起来,当然,它是和雏鹰们一起俯冲的,如果它们太虚弱而飞不起来,它就会猛冲到它们身下,用爪子抓住它们,把它们带回巢里,大约一天后,再把它们带出来。这是雏鹰学会飞翔的唯一途径——通过自己的努力!

做一个专心的听众比做一个流利的说话者更有益。

而且,随着岁月和经验开始将我的视野扩展到大自然无声地运转中,我看到,有一只引导之手,它推动我们去奋斗,以使我们能够对生活中我们须要知道的事情有更多的了解。

回报法则在帮助人类勇攀高峰的奋斗中的作用是残酷无情的!一名运动员只有通过练习、训练和奋斗才能成为一名真正的运动员,正如一个人只有通过实践才能成为一名实干家!

早些年，我还没有学会阅读大自然为我写的许多东西之前，我常常在想：什么时候，在什么地方，怎样才能找到自我？我何时才能找到自我？何时我才能找到我毕生的工作？

我猜想这些问题困扰了许多人！

我给所有这些受困扰的人们带来了信心和希望。你要相信，每当失败、心痛和逆境降临到你身上，大自然是在与你共同奋斗，试图改变你的人生道路。它想把你从失败的弯路上拉到成功的正道上来。

再读一遍上面这一段话！

当你不快乐，不成功，感到困惑的时候，那是出问题了！这些心理状态是大自然的指示牌，或许想告诉你，你正在错误的道路上挣扎。

不要误解这一点。大自然总是为你指明方向，当你朝着正确的方向前进时，你会知道，就像你把手放在炽热的火炉上时你会知道一样。如果你不快乐，不要忽视这样一个事实：你有享受幸福的权利，而你人生的某些事情出错了！

谁能确定这些出错了的"某些事情"是什么呢？

你能确定！只有你能做到！

一些人——他们确实很少见——很容易、很乐意遵从大自然的指引。与这些人共同奋斗并不那么痛苦。当大自然用逆境的打击碰触他们的胳膊肘时，他们迅速作出反应；但是，我们中的大多数人只有受到严厉的惩罚后，才开始意识到自己正在受惩罚。

实现物质上的、金钱上的成功的法则是相对简单的。这些法则被安排在3月份的那期杂志上，标题是"通往成功的神奇阶梯"。"这梯子有十六级，每一级都不难，容易达到，但为了达到最高级，必须付出的代价是奋斗——每向上一级都要奋斗。"

没有付出就没有收获！如果你愿意为奋斗、牺牲和聪明的努力付出代价，你这一生可能会得到你想要的一切。从这种程度上说，你可以利用回报法则的力量，通过回报法则的作用，你得到的正是你付出的！

当一个陌生人，或者一个你不知道他过去经历的人，出现在你的招聘办公室大门口，请求在你手下工作，如果你不怕麻烦地把他和你手下的一位主管进行比较，看看哪个人似乎才是更可靠的领导者，这是没有坏处的。

不要再为你的困难与逆境担心发愁，感谢在你的道路上的这些路标，它们帮助你矫正自己。幸福才是正常的心理状态。当一个人学会在失败、逆境和悔恨的指示牌前面改变自己的路线时，他就会感到幸福，这就像太阳从东边升起，从西边落下一样确定无疑。

我们大多数人都听说过"良心"这个词，但很少有人知道它是一位炼金大师，它能把失败和逆境中的废料和普通金属变成成功的纯金。

这是真的！不是夸大其词，而是确确实实的。

你的奋斗看起来越艰难，就有越多的证据表明你须要彻底重新审视自己。

当逆境、失败和沮丧以最无情的方式盯着你看时，让我给你一个战胜它们的秘诀：改变你对他人的态度，全心全意地帮助他人找到幸福。在你的奋斗中，这是你必须为大自然改造你付出的代价，你自己也会找到幸福的。

要得到幸福，你必须给他人幸福！

不要嘲笑这个简单朴素的建议。它来自一个尝试过这个秘诀的人，他知道这个秘诀是有效的，因此，他有权利说真话。

当你找到幸福之后，当你控制了你所谓的"脾气"，学会以宽容和同情心对待你周围的人之后，当你学会坐下来平静而沉着地盘点你的过去之后，你会看到，就像你能很清楚地看到晴朗天空中的太阳一样，大自然让你奋斗，并把奋斗当作帮助你走出黑暗的唯一的方式。

到那时你就会知道你找到了自我。你也会知道，人生的奋斗是有目标的。你会知道你被带到悬崖边，把你推倒，就像老鹰妈妈把雏鹰们推倒一样，这样你就能学会飞翔！

到那时你将与全人类和平相处，因为你会看到，由于你与周围人的竞争，你不得不进行的奋斗，正是你所需要的训练。通过这些训练，你才能找到自己在世界中的位置。你也会看到，是你而不是你周围的人促使你奋斗。

这可能是我写过的最好的文章，然而，我敢肯定只有那些知道什么是奋斗的人，那些知道什么是失败的人，那些经历过最糟糕的失败后成功的人，才能体会到奋斗的全部价值。

当其他人经历了逆境、失败和挫折之后，当他们像我一样发现奋斗是大自然训练人类用颤抖的幼腿学习走路的一种方式之后，他们会更加珍视它。

在俄克拉荷马州的劳顿市，住着一个我希望你们注意的人。

他的名字叫 J. 黑尔·爱德华兹，是劳顿商学院的院长。

现在，我写这篇简短文章的原因是，这个叫爱德华兹的人具有某些品质，而这些品质是你我及地球上的每个人在取得成功之前都必须具备的。

首先，他知道如果不付出成功所需要的代价，就不可能获得成功。他知道一个人只有先付出才能得到回报！

但是，比这更重要的是，他学到了许多原本伟大的人从未学过的一课：大的成功往往始于小的开端！

在爱德华兹先生的学校的赞助下，我到劳顿市的公共礼堂向市民们发表演说。那群听众是一群我喜欢遇见的很好的人。即便我没有遇见爱德华兹先生，我也能从他所吸引的听众判断出他是一个什么样的人。

直到我做完演讲的第二天，我才看到他的学校。

很自然，我本以为会看到一所规模庞大、精心建造的商学院，差不多就像在任何一座像劳顿这样规模的城市里都能看到的、师资力量雄厚的学院。从爱德华兹先生吸引来听我演讲的听众的人数和质量来看，我本以为他的学校也很大。

但是并不大！

但我认识到，它在规模上欠缺的，在质量上弥补了！

学院的教师队伍包括爱德华兹先生和他的妻子等。

学院的设施是用普通的、没有刷油漆的原木做成的，是朴素的那种，但在我看来，这些设施很实用，就像纯金做的一样。

伸出手来，通过从事一些能帮助人们看到希望的荣耀的工作，为自己争取下一个最高的位置。

我讲述这些细节，不是为了反映故事主人公的学校设施，因为，那实在是没品位的体现。相反，这是为了赞扬他的智慧、他的毅力、他的决心，并且就像你正在阅读这些文字一样确定无疑的是，J. 黑尔·爱德华兹将用破纪录的大量时间继续努力，走在前列，做好自己的工作，建设更大的、设施更好的学校。

愿意从底层做起的人是少见的，但当你找到他时，你可以肯定，他会比那些更早开始爬梯子的人先爬到顶端。

比爱德华兹先生的学校大的学校很多，但我怀疑这些学校能否提供比他的学校更好的教育。事实上，他的学校具有更大的学校所没有的优势：他能给予学生更密切的单独关注。

我知道即便使用简陋的设施也能做些什么，因为我在商学院的第一份工作是在一个人手下干活，他在一栋住宅楼里只拥有两个小房间，他的全部设施只能容纳十几个学生。

我桌上放着一份手稿，是要在我们杂志上发表的。我一看到那份手稿就认出了上面的名字。大约20年前我第一次听到这个名字。叫这个名字的那个人称我是"煤矿里的那个乡巴佬"！他在上大学时，我在矿上工作。我们见了面，他认为让我以他的学生的身份出现是个精明的做法。

心灵的平静是智慧的瑰宝之一。这是对长期和耐心地自我控制的奖赏。

我已经看了原稿。这里面充满了精彩的语言——事实上，比我写得好多了，但是，它缺少精髓！它里面没有任何有价值的思想。它就像一杯不新鲜的啤酒！

写手稿的那个人一开始的地位还不够低。他取笑我的煤矿经历。这也许对他有好处，我不知道！不管怎么说，我确实知道，从底层做起从来没有坏处。事实上，我相信这是唯一安全的开始。所以我说："关注俄克拉荷马州劳顿市的J.黑尔·爱德华兹，因为他愿意从基层做起！"

生活在当今时代的人应该感到非常幸运，因为这是历史上最进步、最有趣的时代。

过去30年的经历对人们来说是一笔多么丰富的遗产啊！

我们见证了无数种有用的发明的诞生，如汽车、飞机、电话、无线电报、潜艇、打字机等，它们帮助人类利用自然的力量。

但是，比所有这些机械发明更奇妙的是人类大脑及其潜力的发现。我们已经开始发现如何克服恐惧、担忧、沮丧，以及最糟糕的负面心理状态和迷信。我们已经发现，"没有什么事情是那么好或坏，只不过是人们把它想成那样"。

人类现在正在对人类的大脑进行实验。在所有伟大的发现中，首先是通过实验法来揭示、发现，然后是体验和实践。不久，我们就会对那台奇妙的"机器"——人类的大脑——更加了解。接下来，我们将在消除疾病、仇恨、人类之间的分歧，以及压在人类背上的其他一系列负担方面向前迈出一大步。

我们当中有些人还有50年以上的大好年华去享受，他们可能会看到比我们在过去50年里看到的更伟大的成就。

当人类开始动脑筋时，地球上就会出现发明创造。

自世界大战结束以来，我们刚刚进入的新时代实际上可以被称为智力发现的周期。随着战争的结束，一个刚刚结束的周期可以被称为机械或物理发现的周期，仅仅是一个物质发展的周期。

进化是按周期循环的！我们有一个物质发展的时期，而从这个时期派生出来的是一个思想发展的时期。在这些周期或发展阶段的开端，我们会愚蠢地使用我们掌握的工具，常常是破坏性地使用它们。就像潜艇刚开始被使用时是死亡的预兆，但是后来被作为一种调查和进步的工具使用。所以，在这个智力发展的新周期的开端，我们须要防止头脑中产生的大部分伟大的、未知的、未探索的想法被破坏性地使用。

成功之路就是奋斗之路。如果你获得的东西或你获得的地位不是经过奋斗得来的，可以肯定它不会是永久的。记住橡树和葫芦，一个长大需要十年，另一个长大只需要一个季节。

令人鼓舞的是，我们实际上已经开始研究人类大脑的潜力。在这项研究中，有一些造假者，他们一直都存在着。那些人会抓住机会去利用人的轻信，但渐渐地，这些都会过去，真理会以其自身的美丽而熠熠生辉，不会被那些为了个人利益而阻止其发挥作用的人加以修饰和篡改。

我们可能会读到奥利弗·洛奇爵士和柯南·道尔的书，但事实上他们根本不应该打扰我们。这些人觉得卖小说赚钱是他们的特权。考虑到柯南·道尔多年来一直在创作这类素材，比如他的福尔摩斯侦探小说系列等，我们很难指望像他这样的人能创作出纯小说以外的作品。在创作这些故事的过程中，他的头脑被训练成生活在想象的氛围中，而不是生活在现实的领域里。

就像一个人一遍又一遍地说谎，他们自己最终会相信谎言一样。这些生活在想象领域的人最终也会相信他们编造的奇闻逸事，这些奇闻逸事取材于他们生活的环境。

我们不能为此责怪他们，除非他们编造的奇闻逸事误导轻信的头脑，使其受到损害，使其神魂颠倒。

我们将了解更多关于人脑的潜能的信息，虽然我不确定能了解多少、多深。但是，我坚定地认为，当我们探索到这种实验方法的基础之后，沿着这条路线我们会发现，我们自己不能做的事情，地球上没有其他人可以帮我们去做。

我们会发现，潜藏在我们头脑深处的，是我们在其他人的头脑中也能发现的所有的潜能。

我们会在自己的头脑中发现我们可以使用的所有力量，那是我们今生所需要的一切力量。

限制会使人想要断绝关系并逃走，不管限制的性质是什么。人脑强烈地反抗强加于它的一切。让人们通过吸引力法则做事，而不是暴力法则。

人们去看电影是因为拍电影的人研究人的大脑想要什么，然后把它提供给人们！在任何工作中这样做都是有好处的。没有什么比提供人们所需要的服务或娱乐更有利可图！

一些孩子逃学，不去学校，而另一些孩子对他们坐在教室里时的课堂活动没有特别的兴趣。解决办法很简单，就是让教育方法变得有趣。让它既有趣又有教育意义，然后你就会吸引孩子们到教室里来。他们会表现出更浓厚的兴趣，并能更长久地记住课堂上学到的一切。

给错误和失败找原因总是有必要的，但是成功能说明一切。因此，把你的时间花在打造成功上，那你就不须要寻找一个"托词"。

一些更开明的雇主们也赞成这条法则，他们把车间变成一个令人愉快的地方，以便实际利用这条法则。在芝加哥的大型包装厂和牲畜养殖场，包装工们已经认识到令人愉快的环境的价值。他们为女工们提供了漂亮的休息室，播放音乐的舞厅也建成了。一切都变得很吸引人。

农民和奶农们开始明白，让奶牛的生活环境变得干燥舒适是有经济回报的。在这种环境下，它会产出更多的牛奶。

有一天，多亏了聪明的工程师的合作，雇主们明白了在午餐时间播放音乐的经济价值；写着积极信息的、有吸引力的警句的卡片,被贴在了工人们目之所及之处;在上午和下午当工人们的工作兴趣自然地开始减弱时提供点心和饮料。

在这些炎热的日子里,柠檬水被分发给工人们,这是雇主能做的一笔很好的投资。一个男孩每隔一小时就把水桶带到人们身边,尤其是在炎热的下午。

即使是最不聪明的雇主,也会确保他的驮马得到充足的饮用水,为什么不用同样的智慧对待他工厂里的工人们呢?工人们远比驮马重要。

让一些专题片制作公司推出一系列的电影短片也许不是一个坏主意,这些短片描述忠诚的回报、勤劳努力的好处、主动性的价值等,在下午的15分钟休息时段放映。所有采用这个建议的工厂主都能很好地为员工提供一些音乐,而且,在消遣的时间段,会仔细挑选一些鼓舞人心的音乐,这些音乐能让人们伴随着一些轻快的节奏吹口哨或哼歌回去工作。这样的节奏可以鼓舞工人们在一天余下的时间里继续努力,而且他们能够把休息时失去的15—20分钟弥补回来。

让车间更具吸引力。领会这条吸引力法则,并将它应用到你的生意、职业或家庭事务中。

如果你让别人做某件事,是因为他愿意做,你就是在利用这条法则。这确实是让任何人做任何事情的最好方法。

因为，遵循这条法则而提供的服务从来不会让人感到不情愿或后悔。

所有这些概括起来，可以用一句话非常具体地表达出来：人类喜欢被吸引，但是讨厌被迫做任何事情。

当你学会应用这个伟大的吸引力法则，你将成为一名出色的销售人员，不管你销售的是什么，因为你学会了高超的说服艺术，即通过展示一件事的吸引力，去吸引顾客。这是让一个人去做事的艺术。

这是所有科学的推销术的精髓所在，不管你是在讲坛上、律师事务所、会计室里推销自己的个人服务、商品、专业技术，还是在向未来的妻子介绍自己。

如果你的做事方式是使用强制力而不是劝说，那么你就走错路了，你越早转换方式，你的境况就会越好。让一个人做一件事有两种方法：一种是通过胁迫、暴力和行使权力，另一种是通过吸引力法则。如果你现在还不明白这两种方法的不同之处，我们在本书中所说的任何其他内容都不可能对你有所帮助。

修剪一棵树，你能使它的树干和树根变得粗壮。人的听觉被破坏了，那么他的另外四种感觉或其中一些，会相应增强。

人类的大脑也是如此。它可以在某些思想活动中被抑制和控制，但在其他方面可能会相应地变得更强。

任何强加于人的头脑的，违背其意愿的事情，都会使这个人开始努力寻找发泄出口。

我们可以通过分析我们现在与周围的人打交道的方式来预测我们未来的人生结局。

你是由你所说的话、你读过的文学作品、你怀有的思想、你结交的朋友及你所向往的人生地位构成的。

这不仅是说教！你以前听说过，这是真的，但你可能没有认真想过它会被用在你身上。

"种瓜得瓜，种豆得豆。"

这条法则是无法逃避的。它像大自然一样宽广。它支配着地球上的每个人。这个永恒的补偿法则，我们永远都绕不开！

通过这条法则，我们可以知道诚实为何是值得的。

我们可能会欺骗自己，以为自己应付过去了这条法则，而且，在一段时间内，我们似乎是在逃避它，但最终它会把我们包围起来，对我们进行强制"清算"。

对人类来说，掌控蒸汽是一件非常好的事情，因为它减轻了人类的负担，帮助人类进步，但是掌控人类的思想是另一回事。

掌控人类思想的唯一有效的方法是通过教育的帮助让人们自愿接受！

教育人类，教导男男女女，我们以常识的形式、单纯说教的形式，把坚持这些永恒真理的原因告诉他们；让人们知道为什么诚实是值得的，为什么与人为善是有好处的，为什么人类的外在行为与主宰人类心灵的思想的本质是完全一致的。因此，人类需要较少的控制。他们更愿意学习如何控制自己，就像人类中比较聪明的一类人现在正在做的那样。

这本杂志[1]自1918年诞生以来，已经通过它的版面把足够多的科学知识传播了出去，如果在公立学校系统地教授科学知识，那么在一代人的时间里就能改变整个人类的发展方向。在1920年3月的《伟大神奇的成功阶梯》一文中有足够多的正确指导，可以在一代人的时间里改变人们对他人的态度。

---

1　指《希尔的黄金法则》。——译者注

# 宽容

成功之路上的第十四个指示牌是宽容。

有两种力量,如果组织得当,可以在一代人的时间里改变整个世界的习惯!

如果出现一个优秀的领导者和组织者,设法形成一个这两种力量的联盟,并成功地让它们齐心协力地起作用,战争可能会永久地消失。人们可能被教导为了民族的利益而牺牲自己的个人利益。

一个成功的国际联盟,必须由这两种强大的力量开创并通过它们来建立,否则它将不会永久地存在,也不会达到目前提议设立的国际联盟的目的。

在人类发展史上,这两种力量从来没有在任何共识上齐心协力地合作过。它们也从来没有主动组织在一起过。然而,组成这两种力量的个体却代表着人类文明的最高层次!

一位一流的足球运动员懂得团队合作的价值和组织的必要性,如果他能得到这两种力量的帮助,就有可能成为一位伟大的领导者。

这两种力量是:

(1)公立和私立学校;

（2）报社和杂志社。

通过这两种力量的共同作用，任何理想都可以永久地灌输进儿童的头脑里，除非以它被灌输的方式消除，否则是不可能被消除的。

一个人是两种因素的产物。一种是自然遗传，另一种是环境遗传，或者说是精神遗传。

一个未受过多少教育的人的孩子，出生后不久被从父母身边带走，来到一个书香门第的家庭里。在一个有教养的环境的影响下，这个孩子会吸收与他一起长大的那个家庭中的孩子们的大部分习惯。他通过自然遗传所继承的东西将永远与他同在，但从出生的那一刻起，他将接受那些与他密切交往的人们的习惯和性格。

在孩子12岁之前，谨慎地选择那些能够影响他们心智的东西是多么重要。

我们所有人都认同人才匮乏的问题是存在的。重要的是："我们如何培养出合适的人才？"答案是："通过社会遗传法则！"

通过学校和报社的共同努力，我们可以在一代人的时间里培育出一大批像华盛顿、林肯和杰弗逊一样的人才！

我们不仅可以做到这一点，而且我们可以改变整个世界的思维过程，用更崇高的付出的欲望取代索取的欲望；

用更高尚的互相促进的习惯取代普遍的互相诋毁的习惯；用为了民族的利益而牺牲个人利益的更崇高的愿望，取代只顾个人显达的自私的欲望。

现在是全世界所有报纸和杂志出版商及教育工作者举行圆桌会议的时候了！

当这两种力量跨越大洲，开始团结一致，在目标上齐心协力地努力时，未来几代人的世界就会变得像他们所希望的那样了。

与此同时，通过使用合适的宣传手段，这些力量可以为世界上的成年人带来很多好处。

如果学校和报社能够共同努力，系统地把黄金法则灌输给下一代，那么国家之间、个人之间的冲突将被消除！

只索取不付出的欲望可能会被消灭！

不是为了民族的利益而牺牲个人利益，而是为自私的个人利益而工作的习惯可能会被消除。

蜂群精神会被永久地灌输进人类的头脑！

在这个世界上，尽管所有的东西都是丰富的，但是，除非个人培养出一种帮助弱者而不是剥削弱者的热情，否则，少数人将继续拥有超过他们所需要的或所能使用的东西，而很多人将继续处于贫困和匮乏之中！

蜂群精神要求个体为蜂群的整体利益服务。事实上，如果没有蜂群精神，蜂群里的每一只蜜蜂都会在冬天饿死。

蜂群精神就是为蜂群的集体利益采集蜂蜜。

我们的思想，像我们的森林一样，正在迅速地被浪费和消耗。它们可以被重新播种的土地是人类的大脑，而播种的方式是社会遗传，由此我们可以把理想植入我们年轻一代人可塑的头脑中！在一代人的时间里通过对这种社会的（或思想的）遗传法则的系统化运用，把我们的理想提升到我们渴望的高度！每位教育工作者、每位一流的报纸编辑都懂得这种被称为社会遗传的力量，但是，除非所有这些力量都团结一致起作用，有组织地实施，否则就不会有立竿见影的效果。

让我重复一遍我的观点，这样它就不会被遗忘：学校和报社可以在一代人的时间内，在全世界的人的头脑中彻底树立一种新的理想，以促使人们把他们的努力转向帮助弱势群体。他们会很自然地这样做。这可以通过社会遗传的法则来实现——在年轻人的头脑中培养一个理想！

我禁不住说，仅仅学校就能成功地完成这项工作。尽管通过报纸和杂志有组织地宣传可以在更短的时间内完成这项任务，我相信学校也能够完成这项任务。

滑稽的小人物跑来跑去，到处宣扬还有另一套灵丹妙药来治理世界上的种种罪恶。对于如何付诸实践，他们当中几乎没有人有丝毫的想法。

这让人想起了许多鹅，它们在被喂食前不停地拍打着翅膀,"嘎嘎"地叫着,抱怨着饲养员喂食迟了,却一点也不知道该如何催他快点喂食。

我猜想,如果一些聪明、富有远见的家伙大约在两三代人以前就发起一项运动,目标是将黄金法则应用于学校、报社的工作,就像它应用于经济学领域一样,今天的世界历史将完全不同。

这是本可以做到的,正如现在通过社会遗传法则可以做到一样。

如果一个人从小就曾经学着对周围的人宽容和气,他将获得这一品质,因为在他12岁之前灌输进他的头脑中的理想不会消失。

世界上所有的说教都不会改变这一点。尽管他的思想是可塑的,但这种愿望最好作为一个理想被灌输进他的头脑中,让他心甘情愿去这样做是不容易的。

人类的大脑是世界上唯一值得人们感兴趣的,因为人类的大脑如果得到正确的引导,可以把最普通的人变成天才!

如果你了解心理学的基本原理,你就会确切地知道"社会(心理)遗传"一词的含义。

同时,你也会明白,通过学校和报社有组织地努力,关于世界上各种可用的潜能的建议是可靠的。如果你从来没有对心理学做过多少研究,那就找一些关于这个主题的好书（那些用通俗易懂的语言写成的书），并让这些书影响自己。让自己熟悉人类思维的法则，就是理解这个世界上唯一的、真正的力量，它能帮助你到达你想去的任何地方。

如果本书能让你对心理学的研究产生兴趣，并能让你在阅读的过程中对这个主题产生思考，那么毫无疑问，这将是你人生中的一个重要转折点。

人类最初并不知道存在于大脑中的感觉和思考。当这本书写出来的时候，人们并不认为头骨包裹的大脑与思维有任何关系。

古巴比伦人，以及后来的一些人，都相信思想存在于肝脏中。通常，祭司仔细检查献祭动物的肝脏，以获取关于未来的信息。

犹太人认为灵魂位于心脏，思想位于肾脏，温柔的情感、同情等位于肠部。

亚里士多德认为，大脑与思维无关，它是一种冷却血液的制冷设备。

在柏拉图或亚里士多德之前，有一个叫阿尔克迈翁的人，他教导人们心灵位于大脑内部。他的观点是基于这样的发现：如果你切断从眼睛到大脑的视神经，就会完全失明。除此之外，人们寻找这个理论，直到伟大的希腊人盖伦重提并证明了它。

你说话的那部分大脑被称为"布罗卡氏区"。科学家布罗卡把语言定位在该部分，它受到的损伤会影响语言功能。

当那位法国人成功地探究了大脑并说明了它是如何工作的时候,他所做的探究比一千个皮里[1]、利文斯通[2]或斯坦利[3]所做的还要重要。

有一种理论认为,心灵就像一架风弦琴,当外界的力量敲击它时,它就会产生思想,就像风弦琴被风吹动时就会发出音乐一样。另一个重要的理论把大脑比作一把小提琴,无论它被制作得多么精巧,必须由一位有思维的人来演奏,才能发出音乐。

是什么使大脑工作的?如何工作的?为什么工作?无人知晓。古人说地球是靠在巨人阿特拉斯的肩膀上的。阿特拉斯站在乌龟身上,到这里古人就不谈了。

我们的视觉、嗅觉、味觉、触觉和听觉神经传递信息给大脑。大脑唤醒意识,意识指挥意志,意志指挥身体。意志就像乌龟踩在脚下的东西一样,仍然无法解释。

你不能从提供一种低劣的服务中获得丰厚的报酬,

---

1 罗伯特·埃德温·皮里(1856-1920),美国海军少将、北极探险家。曾在1909年带队,第一个徒步到达北极点。

2 戴维·利文斯通(1813-1873),英国探险家,传教士,维多利亚瀑布和马拉维湖的发现者,非洲探险的最伟大人物之一。

3 亨利·莫尔顿·斯坦利(1841-1904),原籍英国,入美国籍后又回英国的探险家,曾深入中非,以搜寻戴维·利文斯通和发现刚果河的源头而闻名。

就像你不能播种芥菜，而收获丰产的小麦一样。

年轻人很容易接受新思想，老年人则很难接受或根本不接受。没有受过教育的人在25岁以后很难接受新思想。过了这个年龄，除了思考起来困难以外，他们还会憎恶一些事物。

当哈维宣布血液由心脏泵出，在体内循环时，你会说，任何一个愚人都应该立即承认哈维发现的真理。

然而，对现在的我们来说显而易见的真理，却被欧洲所有的"伟大的医生们"否认，除了一些40岁以下医生。其他人的思想已经"深陷在坚硬的混凝土里"。伏尔泰在《哲学辞典》中说，他不为他那个时代的政治家写作，因为他们没有时间去听从，而是为将要成为政治家的年轻人写作。你不能塑造或改变坚硬的混凝土。

任何读过解剖学或心理学书籍的人最后都会问："我读到的是什么？通过虚弱的双手和人类的话语发出改变地球表面、夷平高山、连通海洋的命令的东西是什么？"

你刚刚上了一节很好的，很容易理解的课。如果你思考并消化你读到的东西，你现在对人类大脑的了解就会超过世界上99%的人。现在你明白了，为什么我建议学校和报社要有组织地把黄金法则灌输给年轻人，因为这是唯一能让它被遵守下去的地方！

你现在有想法了！

你打算怎么利用它？什么时候？以什么方式？如果本书让你产生了一个想法，一定要让这个想法在你的脑海中鲜活起来！把它告诉别人，写一些关于它的文章，思考它，因为所有这些都是脑力锻炼，通过脑力锻炼把你的想法发展得越来越充分，直到它成为你的一部分。然后你将自由熟练地使用它，就像你使用你的右手一样熟练，最后它会帮助你生产没有它帮助的100万只右手都生产不出来的东西。

它将教会你精确地思考，有逻辑地判断。它将帮助你进入领导层，并一直帮助你，直到你成为你想成为的人！

我人生的明确目标是以下几个。

把法则置于金钱之上，把人性置于那些不付出就获取的自私的个人之上，并帮助我周围的人也这样做。

在我的同胞心中播下希望的种子，直到他们站起来，齐心协力地为共同目标奋斗。

学会宽容，并帮助他人也这样做。

开展一项建设性的教育项目，帮助男性和女性认识到合作的好处及相互争斗的坏处。

提供多于工作量的高质量的服务，并帮助他人看到这样做的好处。

抛开偏见,向所有人伸出援助之手,不管他们在政治、种族或经济上的立场如何。

无论走到哪里,我都播撒希望的种子,我的出现经常获得人们的热情迎接。

要记住,一个人所能获得的最大荣誉就是做好本职工作!

首先,我要赢得同胞们的信任,这是我应得的;其次,我要这样做人,使这种信任永远不会被破坏;最后,接受生活可能带来的任何责任,永远寻求提供服务,永不逃避。当进步的车轮滚滚向前,朝着每个人都为之奋斗的目标——地球上的幸福——前进时,经常提供帮助,永不阻碍进步。

# 应用黄金法则

成功之路上的第十五个指示牌是应用黄金法则。

现在,哈佛大学的一位教授带来了一封信,这让我的打字机开始工作。我把这封信和我给他的回信都打印出来了,目的是让读者有机会对正在讨论的问题进行一些思考。

亲爱的希尔先生:

自从四年前第一期出版以来,我一直是你们杂志的读者,而且我持续研究你们的哲学,兴趣日增。

这些振奋人心的文章对我是很有启发的。我有理由相信,你已经取得了比你意识到的更多的成就。然而,令我失望的是,你似乎还没有发现,黄金法则本身并不足以使一个人走向成功。

仔细想想,这对你来说显而易见,一个人即使有很多机遇也不会成功,尽管他与别人的交往中应用黄金法则。

请原谅我的冒昧,但我从你的作品中知道,你是一个乐于接受建议的人,即使这些建议与你自己的观点不一致。

你非常诚恳的朋友

上面的这封信使我们感到震惊。难道哈佛大学的这位教授做了4年我们杂志的读者，却没有正确理解我们写的东西？毫无疑问是这样，因此我们把责任归咎于自己。也就是说，我们承担到目前为止的责任，但是从今往后我们要推卸责任，坦率地说，如果今后这位哈佛大学教授或其他任何阅读这些文章的人无法理解我们关于成功与黄金法则的关系，这将不是我们的错，因为我们今后的文章会写得清楚明白。

首先，我们否认曾经说过，单凭黄金法则就足以使任何一个人成功，因为多年来我们已经知道它做不到。在我们看来，成功包括很多因素，其中最重要的是"成功"这个词本身的定义。

比如说，积累超过生活实际需要的金钱就是成功。

金钱是通过使用力量而积累的；注意，我说的"积累"和"继承"是不一样的。

力量来自组织有序地努力，别无他法。当你通过组织有序地努力去发展自己的力量时，你会把许多因素结合起来，并以适当的比例混合，然后把这些因素的混合结果放到一个周密的计划中。这个计划根据你的人生阶段或你想通过运用它获得的东西的特点而有所不同。

有15种因素可以影响力量的发展，我们在文章中已经数十次提到过。我们从各个角度和视角都可以设想，因为我们知道这是必要的，它可以使具有不同理解能力的人明白这些前提。

如果我们再提一次这15种因素,也没有什么坏处;如果我们再重复一遍——力量可以通过这15种因素之间的适当结合而产生出来,这也不会有什么坏处。

第1种因素是:明确的人生目标!

然后是其他14种因素,即自信心、主动性、想象力、热情、行动、自制力、超额完成工作、吸引力、精确的思想、专注、坚持、从失败中学习、宽容,最后的但是同样重要的是应用黄金法则。

我们从来没有说过,仅仅靠黄金法则就足够了。它出现在列表的最后,但是我们现在说一下我们之前已经说过很多次的,用几十种不同的方式说过的话:人生中的任何状态都不会持续不变,任何成功都不会是永久的,除非成功是建立在真理和公正之上。这和另一句话的意思是一样的,即除非是通过应用黄金法则取得的成功,否则成功也不会持久。

财富掌握在那些有智慧的人手中,他们能够运用智慧获得并守住财富。这是不可否认的事实。

适者生存是当下盛行的法则,并将永远占上风。达尔文的每个学生都知道有这样一条法则,也知道它是如何起作用的。大自然中有大量的田鼠,其中大多数进入了老鹰、猫头鹰、黄鼠狼或其他一些更"适应的"的动物的胃里。

"适应的"这个词和"公平的"这个词不对等。也许成为猫头鹰的食物的田鼠和那些从猫头鹰嘴边逃生并继续繁衍其物种的田鼠一样是"公平的",但它们并不是"适应的",这意味着它们的生活不是准备充分的,因此没有足够的生存能力。

在世界历史上,从来没有像现在这样有如此丰富的机会,提供给那些乐意先服务后收获的人。

一个知道如何努力奋斗的人可以获得他的想象力所能及的所有的金钱,而且在这个世界上没有什么能阻止他。在获得金钱之后,他是否会快乐和成功是另一回事。成功,正如我们所理解的,必须包括幸福,但毫无疑问,人们不应用黄金法则,也可以获得大量的金钱,或者在获得金钱之后享受拥有金钱的快乐。

这里提到的15种因素考虑了安排有序的或力量的使用,以一种能带来真正成功的方式:那种与幸福很好地结合在一起的方式。

在这15种因素中,大多数人至少已经掌握了其中的一些,但他们需要的是在人生计划中添加一些还没有掌握的因素。一个人可以很好地掌握前14种因素,但如果他不能用第15种因素引导他的努力,他就不可能获得永久的成功。力量可以通过前14种因素的适当结合而得到发展,但如果没有黄金法则的指导,这种力量可能导致毁灭,而不是成功。

如果这都不能阐明我们关于成功与黄金法则之间关系,那就是我的书面语言表达能力太差了。


大多数重大的成就都是奋斗出来的!

大自然已经安排好了它的计划,所以每一种生物都必须在奋斗中前进。这种奋斗往往是非常艰辛的,如果我们知道如何逃避的话,很多人都会避开这种奋斗。

我们奋斗得越努力,我们学到的就越多。

许多障碍物围在这些欲望的目标周围,我们必须克服这些障碍,才能获得我们想要的东西。我们在任何地方都不会发现,大自然会白给我们一些东西。我们通过奋斗得到我们想要的一切,为此付出代价。

人类内心最根深蒂固的欲望之一是拥有财富。

没有被这种财富欲望驱使而采取行动的人,在他的同胞中是一个怪人。由于这种欲望非常普遍,我们有理由相信,它放在人类的心里,作为一种促使我们奋斗的手段。

无论我们是否得到了我们在这个世界上奋斗追求的一切,我们都应该从这样一种想法中得到安慰:我们至少拥有奋斗的权利,并且从奋斗过程中学到了一些东西。

一旦我们停止奋斗,我们就开始衰老,最终死亡。大自然说:"你必须保持不断成长,否则你就会被淘汰。"我们的成长离不开奋斗。最艰难的奋斗往往会给我们带来满足感，因为艰苦的奋斗使人快速地成长。

不确定的、想象出来的"他们"把许多天赋禁锢在了自己的头脑中，因为他们害怕行动和坦率地表达自己。

假设真的有人评论你，那又能怎么样？任何人都可能评论人，而且他们中的很多人经常评论人！但是他们的评论只会伤害到他们自己。这是他们的本性使然。

习惯于反复斟酌思索的人很少坦率地评论自己。勇敢地去做正确的事情的人们，即使他们可能与大众的观点不一致，但他们具有性格的力量，不会说"我害怕"或"不可能"这样的话。

无论我们是否同意，我们都对有勇气这样坦率地表达自己意见的人怀有最高的敬意。

对的就是对的，错的就是错的，如果一个人不敢对每件事进行直接评论，那么他既没有权利享受正确的事情的好处，也没有权利免受错误的事情的影响。

不管我们是否同意坦率地表达自己意见的人的观点，我们都非常尊重这位顶天立地的人，他毫无畏惧地正视这个世界，并把他的信念告诉这个世界。

打字机前挂着一个大牌子，上面写着："我每天在各方面都变得越来越成功！"

我们的一个朋友是一个"难相处的人"，他来到我的办公室，当目光停到这个牌子上时，他说："你不相信那些东西，是吧？"我回答说："当然不是！"它曾经帮助我走出煤矿并在社会上找到我的一席之地，我为超过100000人服务，我向他们的头脑里灌输和这个牌子上一样的积极思想。因此，我为什么不相信它呢？

当他准备离开时，他说："嗯，也许这种哲学还是有些道理的。我一直担心自己这辈子会成为一个失败者，到目前为止，我最担心的事情终究成了现实。"

你要么迫使自己陷入贫穷、痛苦和失败，要么凭自己的想法驱使自己走向成就的高峰。如果你要求自己成功，并用大量的行动支持你的要求，你一定会成功。要求成功和仅仅盼望成功是有区别的。你必须找出这种差异是什么，并加以利用。

如果你不像我这样大胆，你可以在自己身上做几个星期的实验：一有空闲时间，你都要对自己说："我每天在各方面都变得越来越成功。"

把这句话写在一张卡片上，随身携带，这样你就可以一天读上好几遍了。当你对自己说这些话的时候，要积极自信地说出来，相信它们一定会实现。把这个方法坚持下去，但不要半途而废，认为这是一个"愚蠢的实验"。也许会有结果，但也可能不会。

不要在意"他们会怎么说"或者"他们会怎么想"，因为"他们"对你的信念一无所知。如果你坚持执行这个计划,你很快就会变得很强大,有能力解决你自己的问题,进而将不会在意"他们说什么"。

哎呀,你们这些缺乏信心的软弱的人啊!你们要了解你们自己,要有自己的主见。在你们的头脑里藏着一种"愿望之类的东西",你需要的所有力量都在这里。这些力量可以帮助你获得你需要的一切,我告诉你们,使用这种力量最简单的方法,就是要让你相信自己。

我认识一位五十岁的人,他是我认识的人当中最多才多艺的人之一。这个人知道从古到今的世界历史。他体格健壮,气宇轩昂。他有一副美妙的、铿锵有力的好嗓音,那和谐的旋律回响在所有听到他声音的人的耳朵里。他有一种吸引力。人们喜欢他、信任他。他在美国各地有成千上万的朋友。最重要的是,他身体很好,至少还可以健健康康地活40年。虽然有这么多优势,这个可怜的人却一事无成,因为他不知道自己拥有力量!

如果他不是一位有才干的哲学家,不懂得如何从原因推理到结果,或从结果推理到原因,他的结局就是顺理成章的了。如果他有足够的自信对自己要求得更多,就没有什么是他不能拥有的。

记住,获得他人合作的真正方法是对自己要求得多!

我们描写的这个人就像是一匹马,由一个体力不足其十分之一的人给它套上笼头、马鞍等马具。假如这匹马有了思想,它又有这么大的力气,没有人能驾驭它。我们描写的这个人也是如此。他拥有力量,不仅有体力,而且拥有所有力量中最伟大的力量——精神力量,但他并不知道自己拥有这种力量。因此,他在一条通往失败和衰败的尘土飞扬的道路上迈着缓慢的步伐。

"人啊,认识你自己!认识你自己。"

这是哲学家们多年来的呼声。当你了解自己的时候,你就会知道,在你的日常工作场所挂一块写着如下这句话的牌子是一点儿都不愚蠢的:

"我每天在各方面都变得越来越成功。"

在你真正了解自己之前,这样的牌子只能表明使用它的人是个怪人。

如果你不愿意在自己身上做实验,有一个方法:你可以在其他人身上做实验。挑选一个没有什么雄心的人,一个平庸的人,开始向那个人大量灌输这样的暗示话语:"你的工作似乎做得更好了,你似乎越来越有雄心了,你似乎越来越自立了。"向他预言他能成就一项伟大的事业。当你和这个人接触时,持续不断地向他灌输这些话语,看看会发生什么。很快你的暗示就会进入他的潜意识。他会开始激励自己,在他意识到这些之前,你的暗示会被他转化成自我暗示,他会扮演好自己的角色,成为你在他脑海中描绘出来的那个人。

有时候，闲言碎语会在合适的时间进入一个善于接受它的有创造力的头脑，会改变一个人的整个职业生涯。

有这样一个案例。我的一个朋友从事打字机生意。有一天，他吹嘘自己认识从他的办公室里售出的所有打字机的每一位采购员和每一位操作打字机的速记员。他真的为自己有能力认识所有这些人而感到自豪。一个普通的青年男性速记员听了他的话，问了这样一个问题：

"你是不是把所有无用的细节都记在脑子里，从而限制了自己的发展潜力？"

这个问题让我的朋友很生气，感谢这个提问！

从这次发怒中他得到了启示。

他开始仔细思索那句话，他想得越多，就越明白速记员的意思。一夜之间，他改变了策略，开始把所有的业务细节都交给下属去做。如今，他是一个富有的人，42岁时从忙碌的商业活动中退休，他在银行里存了很多钱，还有值得信赖的经理们继续经营他的生意。

生活中最重要的转折点通常来自一句简单的评论或当时看来没什么意义的偶然事件。

一般来说，任何能给我们带来震撼，让我们审视自己的哲学，对我们都是有益的。如果我们轻视周围发生的事情，不允许任何事情迫使大脑脱离其日常的运转习惯，大脑就会迅速萎缩,变得懒惰和不活跃。

成功也许有捷径,但是许多疲惫的旅行者在试图走捷径时陷到了烂泥里。

经常发生的情况是,家庭成员的逝世或其他令人震惊的灾难会改变一个人的思维方向,迫使其进入新的、更有效的渠道。几乎每一次失败都是一种精神上的补药,如果你允许的话,它可以对整个思想进行调整。

列举出一个没有敌人的伟人,很难。不过,我们可以列举出无数缺乏自信、勇气和个性,把自己湮没在"芸芸众生"中随波逐流的人。

敌人是一个人最有价值的"资产"之一。当一个人从哲学的角度看待他们,并认识到实际他们正无意中为自己提供服务,在帮助自己成功。这对于那些一直忧心忡忡的人难道不是一个令其安慰的想法吗?

昨晚我拿起《爱默生文集》,读了他关于"精神法则"的一篇文章。

发生了一件奇怪的事!虽然之前我已经读过很多次了,但是昨晚我在那篇文章中看到很多我在之前的阅读中从未见过的东西。我手里拿着铅笔,满怀热情地读着,好像我从来没有读过这篇文章一样。

如此奇怪,我停下来,分析这次阅读体会。我发现,在之前的阅读中,我已经看到了当时我所能理解的一切。但是，这次我在同样的文字中看到了更多的东西，因为自上次阅读以来，我的思想的发展使我准备好去理解更多的东西。

人类的思想在不断地发展，就像一朵花的花瓣一样，直到它开到最大程度。这个最大程度是什么？它在哪里停止？它会走向何方？这因人而异，因每个人对自己思想的利用而不同。一个每天都被强迫或诱导进行分析思维的大脑，似乎会无限地展开，并产生出更强的理解能力。

我确信，在50岁至60岁之前，人的思想不会发展到接近其巅峰。如果这个理论是可靠的，那么当一个人开始步入人生最有价值的时期——50岁到60岁时，就开始为自己选择一块安静的墓地，做好了离开这个世界的准备，这是多么愚蠢的一件事啊。

昨晚梦之天使站在我的床边。她说："凡人啊，起来吧，许一个愿望——就一个愿望——立刻就能实现。"

我犹豫了。梦之天使又开口了，她说："是金钱、权力、名誉、健康还是朋友？"

我回答说："不，梦之天使，这些都不是！给我一颗有理解力的心，其他的一切都会随之而来！"

现在，在我完全清醒时的冷静反思中，我重申，我除了需要智慧来理解我周围正在发生的事情，别无所求。除了一颗有理解力的心，人类不需要任何其他东西，因为有了它，随之而来的是任何人都可以利用的一切。

智慧，一颗"有理解力的心"，任何人都无法改变这一定律，正如他无法阻止万有引力的作用，使水在没有帮助的情况下向山坡上流动一样。

获得知识，拥有正确理解和解释周围发生的一切的能力，你就可能得到你想要的一切。

智慧支配着这个世界。尽快获取你的那份智慧。

爱迪生先生已经是世界上最成功的发明家，不是因为他比其他成就不如他的人更有头脑，而是因为他有一颗"有理解力的心"。如果其他正常人也能像爱迪生那样开发出领悟自然规律的能力的话，爱迪生先生做过的事，任何其他正常人也能做成。这种能力不是一种天赋，而是一种成就，必须为之付出的代价是持续地努力，并聪明地引导这些努力。


做一个有理解力的心的人！

在肯塔基州的路易斯维尔市，库克先生只能被人用手推车推来推去。库克先生是一个重要行业的主管，一位百万富翁，所有这些都是他自己努力的结果。他从出生起双腿就是残疾的。

在纽约，你可能会看到一个身体强壮、头脑健全的年轻人，没有腿，每天下午都在第五大道上坐着轮椅转悠，手里拿着帽子，以乞讨为生。

如果这个年轻人有和路易斯维尔的库克先生一样的思

维方式的话，他可以复制库克先生所做的任何事情。

亨利·福特家财百万，钱多得花不完。就在几年前，他还在一家机械厂当工人，没有受过教育，没有多少机会，也没有资本。还有几十个人和他一起工作，其中一些人的思维比他更有条理。

福特抛弃了贫穷意识，想到了成功并实现了它。如果其他每一位机械工人也像福特那样想的话，他们也可能做得像福特一样好。

威斯康星州的米洛·C.琼斯瘫痪了。如果没有人帮助，他甚至不能在床上翻身。他动弹不得。他的大脑却没有任何毛病，所以他的大脑开始认真地运转起来，也许是有生以来第一次。琼斯仰面平躺在床上，想出了一个明确的计划。这个计划虽然平淡无奇，却很明确，而且是一个可行的计划！

他决定做香肠生意。他打电话给他身边的家人，告诉他们这个计划，并开始指导他们把计划付诸行动。

除了健全的大脑之外，琼斯没有其他可依赖的。他建立了一个庞大的香肠企业，在不到十年的时间里积累了一大笔财富。这一切都是在瘫痪把他击倒，使他无法用手谋生之后完成的。

哪里有思想，哪里就有力量！

人与人之间的主要差别在于他们运用思想的方式。有智慧的思想能把人带到成功的高峰。缺乏智慧的思想使他们一生都处于痛苦、贫穷和匮乏之中。

亨利·福特之所以能赚到数百万美元,是因为他要求自己做出聪明的努力。早期与福特共事的其他机械工人只想到了每周得到的工资,而这就是他们所能得到的一切。他们除了挣到每周的工资,别无所求。如果你想得到更多,一定要求更多,但是,毫无疑问,必须是要求你自己!

如果你想了解人类内心的情感,那就去外面看看这个世界,那里的人们正在遭受痛苦。

找出他们受苦的原因,找出他们受了多少没必要的痛苦,为什么是没必要的;找出他们的痛苦有多少是由于他们自己的疏忽或无知,又有多少是由于他们无法控制的原因。你会发现黄金法则,并找出为什么很少有人认为值得花时间去应用这条规则。

当一个人因为故意或不幸的情况触犯了法律,被关进了监狱,除了吃饭和呼吸之外,几乎其余的个人自由都被剥夺了,你要了解他的内心发生了什么。看看这样做是让他变得更好还是更糟糕。

找出是什么引起人们想要那些被禁止的东西。

# 第二部分　成功

然而,没有人会在精神上完全满意,因为没有人能得到他想要的一切。前方总有一些遥不可及的东西,那是人类想要却得不到的。

英语中最流行的词语是成功!

每个人都想获得它。一般来说,当一个人在没有侵犯他同胞们的权利的情况下,获得了他的物质上和精神上的幸福所需要的一切时,他就成功了。

然而,没有人会在精神上完全满意,因为没有人能得到他想要的一切。前方总有一些遥不可及的东西,那是人类想要却得不到的。推动人类行动并使其不断前进的动力是欲望。

如果你不满足,不要担心。没有人会充分满足,如果他充分满足了,他就会停止成长,因为他会停止奋斗。

在《希尔的黄金法则》杂志创办的早期,我们希望有一天能有10万的读者群体就满足了,但很快我们超越了那个有限的期望值。我们又设想能有100万的读者群体。新增加的讲座策划部很容易就能帮我们实现更大的100万的读者目标,今后我们的读者目标将是200万或者300万。

人类的大脑"非常奇妙且构造精密"。一旦你下定决心要达到某个既定目标,并坚信自己有能力实现它,那么无形的力量似乎就会与你结盟,直到你成功为止。

你所取得的任何成功,都将通过正确运用你的智力而获得。你的身体和肌肉力量并不是首要的。你的思想力量决定一切。

发明飞行器是一项了不起的成就,但这是大脑的成就,而不是肌肉的成就。这项成就是通过发明者的大脑完成的，然后才在飞行器的有形辅助下展示出来的。

在没有电线帮助的情况下，利用空气中的元素，把它们作为在地球上传递信息的媒介，这是一个了不起的成就，但这完全是大脑的成果。

你想要成功。你的成功必须依靠你自己的大脑，这对你没有害处。尤其是你的大脑中负责创造力的那部分，在那里你能制订指导你的身体活动的明确的计划。

曾经在很长一段时期里，偶尔一个人不经过努力也能获得成功，这要归功于他意外的好运气。但是，大多数成功都来自安排有序的努力，而且这些努力要靠一个条理清晰的计划。

组织你的思维的过程包括15种因素，在"通往成功的神奇阶梯"讲座中被列出来了。当你听完这个讲座，或者当你读完它的纸质版，一定要分析你自己，找出这15种因素中哪些你已经在使用，哪些还须要再补充进来。在这15种因素的帮助下组织你的思想，那么你距离成功就不远了。

# 你有多机智？

早晨在我的邮箱中发现了一封来自一位年轻撰稿人的信，他对我们进行了严厉的批评。因为他曾来我的办公室找工作，却没能说服我的助理让他走进编辑部的大门。

我们一向赞赏坚持不懈的精神，但如果不辅之以机智和灵活变通，将是一件危险的事情。通常情况下，如果一个销售人员刚开始推销就和他的推销对象发生争吵，这对成功是致命的。

这封来自那位愤愤不平的我们同龄人的信有两页，言辞激烈，里面有在某种程度上还算"聪明"的语句，但不容忽视的事实是，这封信让我们相信，我们的助理拒绝这一即兴约见的决定是正确的。写出如此尖酸刻薄的话的撰稿人不配给本刊撰稿。这位年轻的撰稿人在他的抗议信中无意识地向我们透露了更多他自己的情况，如果他被录用了，他可能不会当面告诉我们这么多他自己的情况，我提到这件事的目的是说明发泄愤怒的习惯是多么危险。

思考能力是人类最重要的能力之一，表达思想是他主要的欲望之一，传播思想是他最珍贵的权利之一。

适应能力是一种使自己适应任何环境的自我控制能力，是取得超越平庸的成就的必要条件。如果你不能得到你追求的东西，如果你把失败归咎于你缺乏制订计划的能力或缺乏说服别人的能力，那还情有可原。如果你像我的那位同龄人写给我的信中所做的那样，把你的失败归咎于那个你准备寻求帮助或打算销售商品的人，那你就遇到大麻烦了。

比起作者急于发表的稿件，杂志社的编辑则对有利于杂志销售或取悦读者的稿件更感兴趣。

一位守旧的南方人曾说："机智是我们大多数人都不具备的素质。"

一个人不机智就不能成为一名成功的销售人员，一个人不善于推销就不能在社会上取得很大的成就。那位因为来访了一次却没有见到编辑，就在信中表达了他的恼怒的朋友，可能是一位聪明的撰稿人，但他的来信表明，他事实上有点太"聪明"了。不过他不是一名聪明的销售人员，除非他学会推销自己的作品，否则他需要大量的纸张，以及许多阁楼来存放他的手稿，因为他不会推销自己。

对于其他行业的个人服务也是如此！

在收集、分类和整合事实与知识方面，我们经历了漫长、艰苦有时甚至是残酷的岁月，简而言之，就是学习一些知识。然后我们必须再经历几年的推销技巧训练，努力让世界相信我们有一些专长。如果一个人不借助机智和处世之道就去努力完成这项"让人信服"的任务，那他就有麻烦了。

许多人一次说了太多的真话，或在错误的时间说了太多的真话，或过于高傲或过于直率地表达了自己的观点，从而毁掉了一生中难得的机会。

如果我们说出我们知道的关于社会的真相，特别是我们的一些熟人的实情，就不会再有《希尔的黄金法则》杂志，我们将会比我们能够击退敌人的速度更快地树敌。

虽然我们知道世界上有很多不公正的事情，但我们已经选择把注意力集中在我们认为好的事情上，这一策略似乎是正确的。因为我们正在迅速发展，正在提供良好的服务。

如果你注意到每一件让你不高兴的事情，你的人生之路将不会顺利。你越表现出你的愤恨，人们就越喜欢给你一些你讨厌的东西。

# 一位领导者的价值是什么?

一家新公司的销售经理要求手下员工被雇用的条件是其一年能挣 5 万美元。在这位销售经理的领导下工作的一名销售人员表示反对,因为他作为一名销售人员只能挣到那个数目的一半。

对于能领导别人的人,过去有需求,将来也一直会有需求,而且是用顶级薪水招聘的。实际上这样的人可以设定自己的薪水。没有人能阻止他。事实上,要阻止一个真正的领导者去完成他给自己设定的任何合理的任务是很困难的。只要你想完成,你就能完成。

> 当今的年轻人对妇女和婚姻表现出了一种新的态度,一种简单和坦率的态度,一种相互信任的愿望,一种愿意讨论困难的意愿,一种理解和被理解的呼吁。
> ——海夫洛克·埃利斯

卡耐基通过挑选有领导能力的人,然后不限制他们的薪水,使自己成了千万富翁。施瓦布凭借同样的法则使自己成了钢铁行业最有实力的人物之一。几年前,施瓦布先生本来可以用一年 5 万美元或者 2 万 5 千美元的薪水雇用尤金·格莱斯为他服务（现伯利恒钢铁公司总裁），但他更倾向于交给格莱斯先生自己所要承担的责任，并让他自己确定自己的薪金数额。

他是一位明智的领导者，他明白，在购买人的服务时，将人的薪水压到尽可能低的水平是一项糟糕的策略。一个更好的方法是，选择那些在某一特定领域能力未被开发的人，然后让他们承担足够多的职责，给他们充足的薪金，让他们发挥出自己最好的一面。

每年 5 万美元对于一个能够聪明地、令人满意地领导 100 人左右的高效率的人来说根本不算多。在他的领导下，他能帮助手下的每个人获得 5 倍到 10 倍于他以前赚到的或能够赚到的钱。

# 我如何才能出售我的服务？

世界上最大的市场是个人服务市场。几乎每个人都有个人服务出售。

我们收到了一位年轻律师的来信，他想知道如何在不违反职业道德的情况下通过直接的广告吸引到客户。

这是我回信的一段节选，也许你会感兴趣。

> 我大概14年前开始当律师，所以我对你现在所处的困境有所了解。
>
> 现在，如果我处在你的位置，我就会成为一位有魅力的公众演说家，我会把我的工作做得很好，报纸就会不得不注意到你。我会找出最贴近人们内心的话题，并准备好以权威的口吻谈论这些话题。
>
> 一位有能力的演讲者总是能赢得尊重和关注。报纸不能忽视他，即使他们暂时忽视了，欢迎的大门永远向他敞开。这是一位专业人士在公众面前展示自己的最有效方式之一。如果他运用机智和技巧，他很快就会发现人们会蜂拥而至听他演讲。

无论如何要学会在公共场合讲话。如果你讲得有道理，不管你的职业是什么，你很快就会发现你的服务会供不应求。

# 人以群分！

在今年 3 月期的杂志里，我们用最显眼的版面赞扬了罗伯特·K. 威廉姆斯博士，我们认为对他的所有评价都是实至名归的。

现在，威廉姆斯博士回敬了我们，他不仅赞扬了我们，而且超出了我们的预料。实际上，他为我们提供了一种服务，其价值无法以金钱计算，不过那是非常大的价值。

假如我们用那个显眼的头版指出威廉姆斯博士性格中的一些弱点，他可能会不理我们。如果换作他人，甚至 99% 的人会回来报复我们。

威廉姆斯博士也来找我们，不过他以同样的方式回敬了我们。通常大多数人都会这样做。

说一个人的好话，他迟早会以同样的方式回敬你。如果你明白了人类的心灵是如何运作的，你就能让任何人做任何你有权要求他做的事。前提是，给那个人提供一些与你寻求的帮助相对应的适当的帮助。

我认识一名广告人，他一年挣 25000 美元。他承认他的大部分想法和所有的灵感都来自一位年收入只有 2000 美元的人。

不去理解和应用这条心灵的法则,就是放弃了可以与你结盟的最强大的力量之一。但是,只要你采取正确的行动,并首先行动,实际上你就可以有效地利用那些与你接触的人大脑中的能量。

许多人一生中都有一种看不见,却给人很强烈感觉的"狠狠打击我"的"牌子"挂在他的背上。因为他在不知不觉中,也许是无意中激怒了其他人,导致他们反击他。有几个敌人的人是幸运的,只要他有智慧利用他们的眼睛。敌人的眼光可能是,而且通常是有点扭曲的,但是如果你倾听敌人对你的看法,毫无疑问,你会学到一些东西,帮助你提升自己。

回报法则是非常真实的!

你手中的这本书是一个极好的例子,说明当回报法则被引导到建设性的、有用的目的上时,可以通过使用这一法则来实现。通过这些内容,我们对许多值得赞扬的人说了许多好话,我们发出的只是积极向上、振奋人心的思想,为的是激励男男女女通过他们的努力取得更大的成就。

所有这些读过我们文章的人都让我们获得了回报,通常是通过让其他人对订阅我们的杂志感兴趣,以致我们每天收到的大部分订阅都是主动自发的,不需要广告费用。

称赞别人是值得的,这给人充裕的满足感。我们感谢你,威廉姆斯博士,感谢你为我们所做的贡献,感谢那些读了我们对你的看法的人。

# 第三部分　领导力

领导权意味着责任,这是真的,但最有利可图的工作通常要求一个人承担最重要的责任。

# 付出才有回报

这是我写过的最短的一篇文章,但它包含了我们拥有的最重要的思想之一:在你取得你所谓的成功之前,你必须付出同等价值的东西。把你为这个世界做的事情,无论是高效率的服务还是低质量的服务,是牢骚还是欢乐,都当作是一定会发生的事情放到一边去。如果你听从了这个意见,并且正确地运用它,你将会在新的一年里享受到前所未有的成功。

在一座大城市里,一座大型工厂失火了。数百名在高楼层里工作的女孩危在旦夕。低楼层一片火海,大火吞噬了安全出口,切断了所有的逃生通道。

大厦外面聚集了一大群人等待消防员的到来!

那群人中间有一位与众不同的年轻人。他了解情况后,匆匆用眼睛测量了一下从燃烧的大楼到对面的巷子里的另一栋大楼的距离。然后,就像他全权负责一样,他开始给旁观者们下命令,几分钟后,他就召集到了6名壮汉。

他带头走,壮汉们跟着他到了隔壁那座大楼的楼顶。

在路上，他买了一套高空救援绳索。

这位自封的领导人让其中一名大汉把绳子的一头扔到着火大楼的窗户里的一位妇女身边，并指导她把绳子系紧。

当消防员们赶到时，着火的大楼里有近三分之一的人已经脱离了危险！

没有人邀请这位年轻人来当领导者！

领导权很少来自邀请。它要求你必须自己邀请自己去担当。每一个行业都有一个为一流的领导者留着的好职位。但是，他必须是一位自愿去做自己该做的事的人，而不是等着别人告诉他去做的人。

当时站在那一群人当中观火的一名男子在事后谈到此事时说："哦，那没什么大不了的。如果去尝试，任何人都能做到的！"

他说得对！任何一个人只要他站出来接受这份工作，都有可能成为一名出色的领导者，但事实是，在人群当中，只有一个人看到了这个机会，并愿意冒随之而来的风险。

# 承担最重要的责任

领导权意味着责任,这是真的,但最有利可图的工作通常要求一个人承担最重要的责任。

只要有工作要做,你就有机会成为一位领导者。一开始他可能是位谦逊的领导者,但是当领导工作成为一种习惯,很快,这位最谦逊的领导者就会成为一个强有力的行动者,然后他就会寻求更高的领导地位。

回顾过去的时代,历史会告诉你:领导才能是一种素质,它把伟大强加给勇于主动担当的人们。

所有这些人都不是被邀请才去做领导者的。他们凭借自己的进取心走上了领导岗位。他们都不是从高级职位开始的。他们大多数人从低级职位做起,但是,不管这是不是他们要做的工作,不管有没有得到报酬,他们都养成了做那些须要做的事情的习惯!

大多数人不做任何与自己无关的工作,因为做这些工作得不到报酬,那么被授予领导权是没有希望的。

弗兰克·A.范德利普几年前曾是一名速记员。我们不能肯定,但我们猜想他没有把自己的努力局限在速记员职位规定的工作上,因为如果他这样做了,他就永远不会成为今天这样的金融界领袖。

詹姆斯·J. 希尔是一名电报员，但如果他只遵守工会规定的工作时间，而且提供的服务不超过电报员的职责范围，他就永远不会成为一名伟大的铁路建筑商。

领导力！成为一名领导者是多么令人愉快的荣幸啊！在每一家商店、工厂等商业机构中，只要做一件应该做的事情，无论你是否被告知去做，你就能成为领导者，这是多么好的机会啊！

# 第四部分　开阔的视野的力量

开阔的视野是地球上唯一能帮助任何行业的人走出一成不变的平庸生活的力量。这本书的主要目标之一就是让它的读者从更大、更广的角度去思考！

# 视野的重要性

有一次,我去山上采栗子。我们带了一个装栗子的加仑桶。

我们准备只带回一桶,不再多带。

当我们到达山里时,我们发现地上有几十公斤的栗子,但我们不得不离开,把栗子留在那里,因为我们在计划旅行时没有考虑到有大量的栗子。

在随后的几年里,我多次回想起那次采栗子的旅行。

如果我们在出发前扩展一下我们的"视野",我们本可以轻松地带回二十几公斤的满满一麻袋栗子,就像我们带回满满一加仑桶的栗子一样轻松。

每当我们看到一个人创办一家新企业,我们就会想起那趟采栗子的旅行,因为我们知道,大多数人都在犯和我们一样的错误,没有从足够宽广的角度思考问题。

# 视野与成就

在回顾我们过去几年规划的主要目标时,我们现在可以清楚地看到,我们从来没有取得比我们设定的目标更大的成就。因为,我们怀疑是否有可能完成比计划更多的任务。

快乐而满足的工人们通常只是反映了主管给他安排的工作是适合的。

有时候,一个极其有雄心的人出发去"采栗子"时,会携带比真正需要的更多的容器。但一般来说,情况正好是相反的。规划职业生涯、建立企业或发展教育都是如此。

你完成的可能比你计划中设想的要少,但你永远不会完成更多!你售出的货物永远不会超过你的销售计划。在任何职业中,你永远不会比你设想的更出名,你在周围人心目中的地位永远不会超过你想要达到的地位。因此,不断地扩展自己的视野似乎是值得的,这样你的视野就会覆盖更大的范围。

在开始任何生意或职业时,你不可能在制订第一套计划时就预见到所有的可能性,但随着时间的推移,你将能够扩展你的视野,使你的目标覆盖更大的范围。

这种开阔的视野的力量是你必须培养的。

开阔的视野是地球上唯一能帮助任何行业的人走出一成不变的平庸生活的力量。

那些不会定期地将自己的视野进行扩展，使其覆盖更多的范围，接受更大的目标，让自己从更宽广的角度思考的人们，就像是一匹精神颓废的马，被人利用负担沉重的驮马。这样的一匹马从不试图摆脱不幸命运的原因之一，是它缺乏开阔的视野。它坦然地接受自己的命运，从来没有想过，如果它能思考并计划如何摆脱束缚，地球上就没有人能控制住它。

我们猜想，这个世界上有很多人被束缚在平庸的、沉闷的、让人没有灵魂的工作上，而这些工作仅仅提供了一种让人不开心的生存方式，原因只是他们缺乏开阔的视野！

如果这是真的，或者差不多是真的，那么这是对我们的教育制度多么可怕的控诉啊。仅仅扩展一个人的视野就会使他追求更大的成就。如果这一过程真的有价值，那么令人遗憾的是，这一事实并没有在世界上的每一个教育机构中得到更清晰的体现。

我可能过于强调这个问题。一个人要想在这个世界上获得成功，在他所必须具备的素质中，我可能把它放在了一个太重要的位置上，但我这样主张是有充分理由的。

22年来，自从我们被赋予在这个世界上的责任以来，我们一直带着特别的兴趣看待这些经历，这些工作经历最大化地帮助我们解决生活所需。因此，我们不得不得出结论，扩展自己的视野和期望自己实现更大目标，不仅是一个成功人士值得拥有的，而且是必不可少的！

也许你从未听说过一件事，这件事与我们能够从肮脏、不赚钱的煤矿工人工作中脱身有直接关系。但是如果你听说过这件事，为了让那些没有听说过的人受益，请你耐心地听我重复一遍。

那件事发生在大约22年前！

在我的一生中，没有任何一件事比这件事对我的益处更持久，因为它引发了我对开阔的视野的力量的思考！

一天晚上，在一整天的辛苦工作结束后，我们坐在火炉前，谈论着我们那每天1美元的精彩的新工作。

我们为那份工作感到骄傲！

每天1美元对我们这个年龄的男孩来说是一大笔钱；事实上，这比我们以前见过的属于自己的钱要多得多。

热情和兴奋的我说了一些话，这给老先生留下了深刻的印象。他把手伸过来，紧紧抓住我的肩膀，他抓得太用力，以致我疼得几乎叫出声来。他盯着我的眼睛说："哎呀！你是个聪明的孩子！如果你去上学，接受教育，你就会在这世上干出一番自己的事业！"

那是我人生中第一次听人说我"很聪明"，或者说我可以"在世上干出一番自己的事业"。在那之前，我从未想到比一天能挣到 2.5 美元更大的目标。我的劳动报酬是每天 1 美元，但我们渴望得到和一些老工人一样的报酬，除了当煤矿工人，我从来没有想过要从事其他任何职业。

那位好心的老先生的话使我大吃一惊！

起初我并没有在意这番话，但是那天晚上当我睡下以后，我开始思考它，我在脑海中回顾我的经历。我想起了那位老先生说这番话时眼神里明亮的光泽。他的整个行为举止中有某种东西使我明白，他说的并不是不可能的。

那句话开阔了我的视野，使我能看到我工作的煤矿以外的地方。它使我开始超越我们煤矿工人所在的村庄界限，进入另一个有学校的村庄。但重要的是，它在我心中播下了种子，并生根发芽。自从 22 年前那个难忘的夜晚以来，我把收获了的种子播撒到成千上万其他人的大脑里。

这篇文章，以及你手上的这本书，都可以直接追溯到那次两分钟的谈话。在那次谈话中，我对开阔的视野的力量有了初步的印象。

如果你过得不如意，那么你花在阅读这篇文章上的时间将会得到丰厚的回报。如果你能彻底改变方向，并且画一个更大的圆圈。这个圆圈代表你开阔的视野。让它覆盖更广阔的范围，比你以前的任何目标的范围都大。记住，你可能取得的任何成就被严格限制在所谓的你的视野内。

当一个现代化的工业厂房扩大得比它的工人宿舍区快，管理部门，如果它是可靠的和进步的，会立即寻找更多的空间去扩大工厂。

如果你想改变你在生活中所处的不利地位，你必须依靠你的个人努力去扩展你的视野。

对自己的人生感到不满是一种正常、健康的表现。但是原地踏步，不去尝试着扩展你的视野，也不去规划将你自己提升到一个更广阔领域，是不正常的，反映出一种不健康的精神状态。

这本书的主要目标之一就是让它的读者从更大、更广的角度去思考！我们所能做的就是帮助你为自己努力奋斗，否则我们做不了对你有益的事情！

出去找一个安静的地方！

花几分钟坐下来对自己做个评估。看看自己是否获得了更多的知识，培养了更多的自信，扩展出了更广的视野，为自己设定了更重的任务，比一年以前对自己提出了更高的期望。如果你没有实现这些目标，就有理由引起自己的警觉。

失败之所以是一种幸运，原因之一是它常常使我们停下来，观察并思考！它常常使我们发现一些我们从未怀疑自己拥有的弱点或缺点。

我特别感谢自己在过去的22年里所犯的错误，感谢在许多事业上的失败，如果这些事业成功了，我的努力就会转向对子孙后代没有太多益处的工作，而不是现在从事的对子孙后代这么有益的事业。

我们的许多错误对他人造成了暂时的困难，而我们的所有错误又给我们自己造成了眼前的困难，但这些错误和失败是有益的，因为每个错误都让我们带着比我们之前更宽广的视野爬出失败的瓦砾堆。

火灾通常是毁灭性的，但一个众所周知的事实是，一场大火给了许多城镇意外的发展机会。大火来了，烧毁了那些陈旧的建筑物。这给许多人带来了困难，一些人没有保险，另一些人的保险比他们应该有的少，但从另一方面来说，火灾又是一件幸事，因为房屋的主人用更新、更具艺术感的建筑取代了旧建筑，这增加了城镇的美观和财产的价值。

许多人需要某种失败之"火"的反作用，去扫除陈旧的、不足的、阻碍他们的计划，并给他们一个机会去扩展自己的视野，制订一个范围更广阔的、更新的、更进步的和更具艺术性的方案。

不久前的一个下午，我坐在得克萨斯州达拉斯的办公室里。我朝楼下的大厅望去，看见一个形象良好的年轻人朝我这边走来，手里拿着一个销售人员的公文包。他在问讯处被拦住了，但我告诉问讯处的门卫让他进来。

当他坐在我的办公室里后，我对他说："我不知道你在卖什么，不管是什么，我可能都不会买，但是你身上有一样东西是宝贵的，那就是你有一种讨人喜欢的性格。"

那个年轻人感谢了我，然后告诉我，他在为达拉斯电灯公司卖暖脚器。我告诉他我不需要暖脚器，因为我很少被"脚凉"所困扰，但我建议他应该卖一些能获得更高利润的东西。我向他建议，以他这样的性格，以他所拥有的自信，他应该能够卖出去他尝试推销的任何东西。

这个年轻人在我办公室待了不到五分钟，但在这五分钟内发生的事将对他的一生产生巨大影响。他感谢了我的夸奖，出门走了。

大约3周后，达拉斯电灯公司的电气服务部经理来拜访我。他告诉我正是我让他失去了一名最优秀的销售人员。然后我问他是怎么回事。他说我提到的那位名叫布朗的年轻人，那天一回到办公室，就上交了他的销售装备，出去找到了一份薪水更高的工作，然后他在新工作上干得风生水起。

我对来访者说，很遗憾我让他失去了一位优秀的员工，但我很自豪，因为布朗先生懂得了"开阔的视野"的价值。